DES

PRAIRIES IRRIGUÉES

PRINCIPES ÉCONOMIQUES ET TECHNIQUES

SUIVIS D'UN APPENDICE

SUR

LE DRAINAGE ET L'IRRIGATION PAR LE DRAINAGE

D'APRÈS PETERSEN

PAR W. F. DÜNKELBERG

INGÉNIEUR AGRICOLE, PROFESSEUR A L'INSTITUT DE WIESBADEN

Traduit de l'allemand

PAR ACHILLE COCHARD

EX-SOUS-CHEF DU SERVICE AGRICOLE A L'EXPOSITION UNIVERSELLE DE 1867

(Annexe de Billancourt)

AVEC 2 PLANCHES EN COULEURS

et 95 figures dans le texte

PARIS

VICTOR MASSON ET FILS

PLACE DE L'ÉCOLE DE MÉDECINE

1869

DE LA CRÉATION

DES

PRAIRIES IRRIGUÉES

CORBEIL. — Typ. et stér. de CRÉTÉ.

DE LA CRÉATION

DES

PRAIRIES IRRIGUÉES

PRINCIPES ÉCONOMIQUES ET TECHNIQUES

SUIVIS D'UN APPENDICE

SUR

LE DRAINAGE ET L'IRRIGATION PAR LE DRAINAGE

D'APRÈS PETERSEN

PAR W. F. DÜNKELBERG

INGÉNIEUR AGRICOLE, PROFESSEUR A L'INSTITUT DE WIESBADEN

Traduit de l'allemand

PAR ACHILLE COCHARD

EX-SOUS-CHEF DU SERVICE AGRICOLE A L'EXPOSITION UNIVERSELLE DE 1867

(Annexe de Billancourt)

AVEC 2 PLANCHES EN COULEURS

et 95 figures dans le texte

PARIS

VICTOR MASSON ET FILS

PLACE DE L'ÉCOLE DE MÉDECINE

—

1869

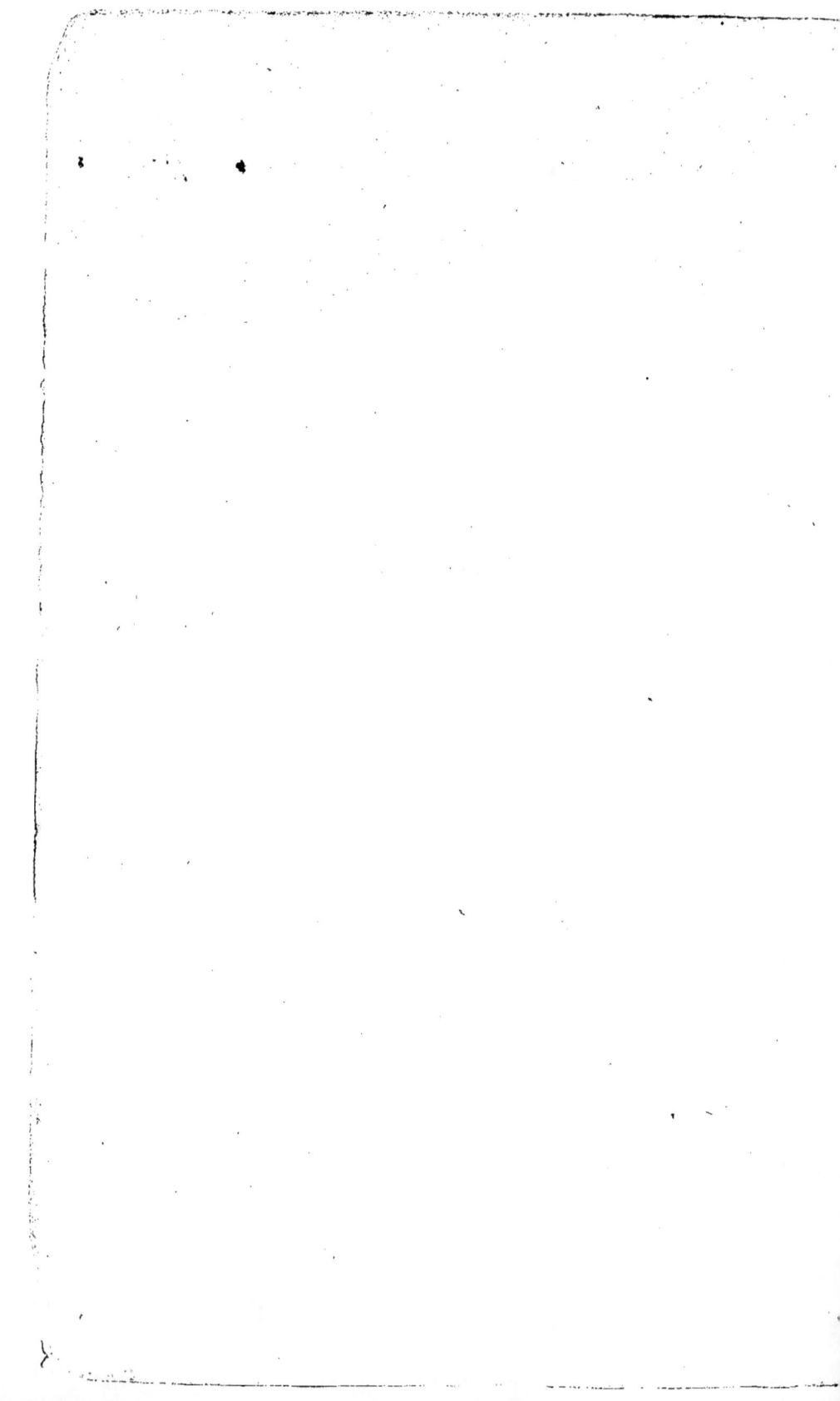

PRÉFACE

« La prairie est la mère des champs. »

Cet axiome du peuple des campagnes résume on ne peut mieux l'esprit de ce traité, ainsi que celui de tous les ouvrages ayant pour but la création et l'amélioration des prairies (1).

Avant l'introduction de la jachère d'été, avant celle de la culture du trèfle et des pommes de terre, les prés et les pâturages seuls donnaient aux champs une compensation pour la perte de matières assimilables que leur enlevaient continuellement la vente et la consommation des récoltes.

L'exploitation successive et toujours croissante des terres cultivées se rattachait donc intimement à l'existence d'une direction rationnelle des prairies.

L'introduction des prairies artificielles dans l'assolement, qui amena une amélioration des cultures, et par suite des récoltes plus considérables, eut pour résultat en Allemagne de faire

---

(1) L'utilité des prairies est affirmée également en France par un grand nombre de proverbes. En voici quelques-uns tirés des œuvres de Jacques Bujault, cultivateur poitevin, mort au milieu de ce siècle :

« Qui fera des prés aura du blé. »

« Point de fumier sans prés, et sans fumier point de blé. »

« Un pré rapporte plus qu'un blé. »

« Qui fait des prés s'enrichit, qui n'en fait pas s'appauvrit. »

« Dans toute terre qui donne du blé, on peut faire aisément un pré. — Il n'en coûte pas plus pour faire un pré que pour faire un blé. »

« Celui qui ne fera pas de prés ne sera guère content de ses blés. »

« Veux-tu du blé? Fais des prés. »

« Celui qui a la moitié de ses terres labourables en prés est un excellent cultivateur. Il est encore bon s'il en a le tiers ; le quart n'est pas assez. »

(Note du traducteur.)

croire qu'on pouvait se passer des prairies. On négligea leur
entretien, on en diminua l'étendue, on abandonna les ouvrages
d'irrigation, et l'attention fut exclusivement dirigée vers la culture des champs.

Dans les contrées seules où florissait l'élève du bétail et où la
production des céréales ne venait qu'en seconde ligne, particulièrement dans les pays montagneux, le soin des prairies, devenu traditionnel, se conserva. On peut citer, entre autres, les
pays de Siegen et de la Dill, où l'amélioration des prairies s'est
développée depuis le siècle dernier d'après des règles certaines.
Ces contrées peuvent être aujourd'hui proposées comme modèles
aux agriculteurs de beaucoup de régions de l'Allemagne et de
l'étranger.

Mais, dans ces derniers temps, les propriétaires même qui cul-
tivent des plaines basses et fertiles, dont la production en céréales s'était maintenue abondante pendant de longues années, sont
revenus de leur erreur et ont compris l'importance des prairies.
C'est depuis que la culture du trèfle sur de grandes surfaces n'est
plus aussi productive qu'autrefois et depuis que le rendement des
céréales semble soumis à des vicissitudes plus fréquentes. Les
conseils de Liebig ont éveillé l'attention de tous les cultivateurs
sensés, en prouvant d'une manière évidente la nécessité de rendre
complétement au sol les substances que la culture lui enlève.

Le principe sur lequel il faut fonder actuellement l'exploitation du sol est que, dans la succession des années, la restitution
des matières fertilisantes doit être au moins en équilibre avec
les matières enlevées, si l'on veut conserver et rendre durable la
fertilité des champs. Plus le prix de cette restitution est minime,
comparé à celui des produits obtenus, plus le revenu net d'une
ferme est élevé.

Si, autrefois, l'on a cherché et trouvé cette compensation à
bas prix dans l'irrigation, il serait déraisonnable de ne pas re-

venir maintenant à cette pratique, dans tous les cas où elle est applicable.

Dans nos régions, les graminées sauvages supportent seules l'irrigation ; c'est par elles que nous retenons sur les prés les richesses abandonnées qui sont en suspension ou dissoutes dans l'eau. Il y a là un capital considérable en engrais, qui s'augmente encore des boues des chemins et des jus de fumiers que les cultivateurs négligents laissent écouler dans les mares et les ruisseaux. Les grandes pluies, les fontes de neiges enlèvent toutes ces matières fertilisantes aux lieux habités, aux forêts, aux pâturages, aux cultures ; elles les entraînent vers les rivières, qui les portent à la mer, où elles sont perdues sans retour ; tandis que des systèmes rationnels d'irrigation permettraient de les retenir au moyen de l'endiguement des petits cours d'eau, et de les utiliser en les répandant par des canaux sur les prairies environnantes.

Toute propriété à laquelle on rend, en engrais, par l'irrigation des prairies, plus de matières que ne lui en enlèvent la vente des récoltes et celle des animaux et de leurs produits, doit gagner en fertilité. Il faut donc admettre que l'on peut vendre sans danger une partie de son foin ; car ce n'est pas au sol, mais au bien sans maître qu'on a recueilli dans l'eau qu'ont été empruntés les éléments nécessaires pour le produire.

L'entretien bien entendu et l'amélioration des prairies irriguées, d'après les méthodes les plus sûres, peuvent dès lors être rangés au nombre des questions importantes de notre époque. Il faut chercher constamment la solution de ces questions dans des travaux appuyés sur les faits et l'expérience du passé.

L'auteur de ce livre pense donc qu'un ouvrage traitant à fond de ces matières ne peut qu'être utile. Il espère d'autant mieux avoir rendu service en y développant les théories et les faits les plus récents, que l'application rationnelle du drainage aux prai-

ries commence à peine à se répandre, et que la méthode d'irrigation au moyen du drainage, imaginée il y a peu d'années par
A. Petersen, de Wittkiel (Schleswig), a ouvert un nouvel horizon
qui rend possible l'introduction du système intensif sur les
prairies, parallèlement à l'agriculture progressive.

La description de la marche suivie dans la province de Nas-
au pour la réunion parcellaire ou consolidation des prairies,
offrira également de l'intérêt à la majorité des lecteurs.

Enfin, l'auteur a voulu montrer d'une façon évidente combien
sont immenses les trésors qu'on pourrait recueillir dans toutes
les prairies négligées ou insuffisamment améliorées. Il désire
que son livre contribue à répandre les vrais principes de cette
importante partie de la science agricole, qui a pour objet la
création et l'entretien rationnel des prés et des pâturages.

                              Dʳ DÜNKELBERG.

INTRODUCTION

Les prés sont des terres engazonnées qui produisent continuellement des graminées et d'autres plantes indigènes.

Les prés sont appelés pâturages, quand la récolte a lieu par la dent des animaux, sans aucun travail de l'homme.

Certains prés sont destinés à être toujours fauchés, d'autres sont fauchés et pâturés alternativement.

Les prés pâturés reçoivent dans les déjections des animaux une partie de ce qu'ils produisent ; leur gazon est épais et uniforme, la culture en est simple et économique, et le revenu net en est relativement élevé.

Dans les prés fauchés, on enlève la récolte pour enrichir les champs avec le fumier qu'elle a produit : ils justifient ainsi l'axiome placé en tête de ce livre : « La prairie est la mère des champs. » Leurs gazons, sous l'influence des années, changent de nature comme herbe, soit par suite de la sécheresse ou de l'humidité, soit par l'ensemencement naturel. L'entretien des prés fauchés, qui diffère d'un pré à l'autre, est plus difficile que celui des pâturages ; cependant leur produit brut peut être plus facilement augmenté par des moyens artificiels que dans les pâturages.

Les gazons fournis des prés et des pâturages fertiles et bien soignés sont surtout un produit du temps ; on ne peut les obtenir que difficilement dans des herbages temporaires. Pour cette raison, on interdit à bon droit aux fermiers qui ont des prés de les labourer et de les employer à d'autres cultures.

Les prés sont une source de prospérité pour les agriculteurs de pays entiers (Lombardie, Hollande, Holstein, etc.) et de quelques endroits comme les départements prussiens de Eupen et de Siegen. La culture des landes sablonneuses de Lunebourg et de la Campine en Belgique est basée sur la création de prés. Schwerz dit avec raison que « de bons prés sont le soutien de l'élevage du bétail et l'aide de l'agriculture, la richesse du cultivateur, les joyaux de chaque domaine rural. Les mauvais prés, par contre, sont la honte du propriétaire et de la propriété; les prés médiocres même sont une charge pour l'agriculteur. »

VALEUR DES PRÉS.

La valeur des prés dépend aussi bien de la quantité et de la bonté du produit, que de l'absolue nécessité où l'on est d'avoir de l'herbe pour l'affourragement et l'hygiène des principaux animaux domestiques.

L'herbe de bons prés est surtout composée de plantes de la famille des graminées, qui, d'après la nature du sol, sont plus ou moins mélangées avec plusieurs autres espèces.

Le gazon est donc de différentes natures; plus les graminées prédominent, plus il est feutré et par conséquent facile à enlever en bandes ou en tablettes, tandis que si les dicotylédones prennent le dessus, la constitution du gazon devient plus lâche et il s'émiette pendant le travail et le transport.

Les bonnes herbes forment pendant toute l'année, soit en vert, soit en sec, sous forme de foin et de regain, la nourriture normale des animaux. C'est une alimentation indispensable à tous les herbivores non-seulement pour les nourrir, mais aussi pour leur hygiène.

De même que les graminées cultivées (céréales) fournissent à l'homme, par leur grain, une nourriture dont il ne peut se passer, de même les feuilles, les tiges et les fleurs des graminées rustiques des prés et des pâturages forment le fond de la nourriture des principaux animaux domestiques.

De cette indication naturelle d'une même famille de plantes comme base de leur nourriture principale à tous deux, résulte entre l'homme et les animaux un rapport intime identique à celui qui existe entre les champs et les prés, et cette relation, observée par l'expérience, devient évidente par l'analyse chimique de l'herbe.

La stabulation, qui attache certaines espèces d'animaux continuellement à la crèche et les condamne souvent à une nourriture trop uniforme et anormale, cause plusieurs maladies, comme par exemple la fragilité et le ramollissement des os chez les ruminants. Les troupeaux de certains domaines sont décimés tous les ans par ces maladies; le Palatinat du Rhin entre autres, qui n'a pas, ou a très-peu de prés et où ces maladies étaient endémiques, les a vues disparaître, lorsqu'on a créé des prés et qu'on a ajouté de l'herbe ou du foin aux betteraves et à la paille, qui autrefois y formaient exclusivement la nourriture des animaux.

L'influence des premières pousses d'herbe du printemps sur les moutons qui pâturent est bien connue, et il est facile d'aller admirer les résultats de l'emploi exclusif des pâturages dans les Alpes, dans les vallées de la Suisse et dans les plaines de la Hollande, sur les troupeaux remarquables de ces régions.

Si l'on veut connaître la quantité de substances nutritives contenues dans l'herbe fraîche et dans l'herbe sèche, en voici le tableau comparatif établi d'après les observations de Grouven.

La moyenne de nombreuses analyses donne pour 100 :

	SUBSTANCES AZOTÉES OU PROTÉIQUES.	SUBSTANCES NON AZOTÉES			CENDRES.	EAU.	MATIÈRES SÈCHES.
		MATIÈRES grasses.	HYDRATES de carbone.	FIBRES ligneuses.			
Herbe fraîche.	3,1	0,8	11,5	10,8	1,9	71,9	28,1
Foin de prés..	10,4	3,0	38,0	27,0	7,2	14,4	85,6
Regain......	13,0	3,0	35,0	24,0	10,0	15,0	85,0

Le rapport des substances azotées à l'ensemble de toutes les substances nutritives est, d'après les chiffres précédents :

Dans l'herbe   :: 1 : 4,9
Dans le foin   :: 1 : 4,9
Dans le regain :: 1 : 3,9 (1)

Donc le regain en contient un peu plus que le foin et l'herbe.

Plus les plantes sont jeunes, moins elles ont de substances azotées

(1) Les ingénieurs agricoles allemands entendent, par rapport entre les matières nutritives, la quantité relative des parties d'un mélange de fourrage qui renferment de l'azote et des parties qui n'en renferment pas. Les expériences les plus récentes ont prouvé que le rapport entre les matières azotées et les matières non azotées peut varier de 1 : 3 et de 1 : 7; donc la moyenne est de 1 : 5.

Le foin et le regain présentent chacun ce rapport; on peut donc les prendre pour fourrage normal.

(*Note de l'auteur.*)

et moins elles ont de fibres ligneuses; mais alors les éléments nutritifs sont plus facilement et plus complétement assimilables dans les fonctions organiques des animaux.

On voit clairement, par là, l'avantage de faucher l'herbe des prés lorsqu'elle est en fleur.

Du foin récolté trop tard, dur et pailleux, est composé de fibres ligneuses qui sont peu ou point digestibles.

Dans l'herbe et le foin de mauvais prés, le rapport des substances nutritives est évidemment encore plus défavorable.

Du foin mouillé par la pluie a perdu en partie ses principes solubles dans l'eau. Voilà pourquoi le regain fait tardivement est souvent moins nutritif que ne le dit l'analyse (1).

L'importance de l'herbe à l'état sec ou à l'état frais dans la nourriture des animaux et la nécessité absolue de l'employer pour arriver à un bon élevage, résultent de ce qui a été dit plus haut. Les éléments qui la composent et qui passent dans les déjections des animaux sont aussi de la plus haute importance quant au but de l'agriculture.

Le rapport intime du champ à la prairie résulte moins en effet des parties qui constituent la substance organique de leurs produits réciproques que de la masse des cendres fournies, éléments que le sol seul peut livrer, mais dont il s'appauvrit constamment par la vente des récoltes.

Et c'est la prairie qui, au lieu du fumier des étables, va chercher dans l'eau qui coule l'équivalent naturel dû au champ pour la moisson de l'année.

Les récoltes de céréales donnent en cendres p. 100 :

	Grains.	Paille.	Menue paille.
Froment.............	1,6	5,3	9,3
Seigle...............	1,8	3,1	7,4
Orge................	2,4	8,1	11,1
Avoine.............	2,7	5,4	18,8

Tandis qu'on a p. 100, comme cendres de

Bonne herbe.....................	1,9
Bon foin........................	7,2
Bon regain.....................	10,0

(1) Un quintal de foin mouillé perdait, d'après Stöckhardt, 2,1 p. 100 de substances azotées, 0,6 p. 100 de sucre et 9,8 p. 100 de substances non azotées, ou 12,5 p. 100 de matières nutritives.

Nous trouvons dans les cendres des céréales les mêmes parties composantes que dans l'herbe et le foin de nos prés et de nos pâturages, mais leur quantité pour 100 varie avec le climat, le sol, l'eau, la situation, et aussi avec la puissance végétative de l'herbe plus variable que celle des céréales.

Les cendres de foin donnent p. 100, d'après Stöckhardt :

	POTASSE.	CHAUX.	MAGNÉSIE.	ACIDE phosphorique.	ACIDE silicique.
1. Très-bon foin, fin, de pré non irrigué.............	8,74	24,59	1,5	13,5	25,68
2. Excellent foin, fin, riche en feuilles, d'un bon pré frais non irrigué, fumé en automne avec des fanes de pommes de terre........	10,56	22,59	0,95	8,06	32,03
3. Bon foin, mais grossier, d'un pré irrigué avec de l'eau de rivière..............	18,30	10,25	0,52	5,18	42,40
4. Foin dur, de pré bas, inondé et mal desséché........	12,03	13,96	0,41	8,06	43,92

Ces analyses donnent des extrêmes très-écartés pour les prés secs, arrosés ou demandant des améliorations.

Par contre, d'après Hubert, dans le foin normal on trouve p. 100 :

Potasse..................................	17,70
Soude...................................	1,05
Chaux...................................	14,48
Magnésie................................	8,20
Peroxyde de fer..........................	0,72
Protoxyde de manganèse..................	1,02
Acide phosphorique......................	6,25
Acide sulfurique.........................	0,20
Chlore..................................	0,07
Acide silicique...........................	52,00

D'après Rautenberg, les cendres de 100 kilog. de foin normal ont pour équivalents approximatifs, les cendres de

Blé.	Seigle.	Orge.	Avoine.	Pois.	Fèves.	Colzas.
95kg,4	101kg,4	88kg,1	52kg,9	96kg,6	152kg,1	170kg,1

Betteraves.	Pommes de terre.
23,4	45,3

et les cendres de :

Veau. — Vache. — Brebis.	Porc (poids vivant).	Lait.
$165^{kg},2$	$75^{kg},6$	$21^{kg},9$

La distinction ordinaire de foin doux et de foin aigre n'est pas claire ; quoique le foin normal soit plus du goût des animaux et les nourrisse mieux que le foin qui pousse sur les prés aigres, ce dernier ne contient cependant pas le moindre acide qui puisse avoir une influence sur leur goût. L'acide silicique n'a aucune saveur et l'analyse montre qu'il se trouve en plus grande quantité dans l'herbe des bons prés que dans celle des autres.

PRODUIT DES PRÉS.

La différence de produit entre les prés résulte aussi bien de la composition et du mélange des plantes que de la quantité récoltée.

Les herbes douces (graminées), mélangées avec d'autres espèces aromatiques, forment le foin doux de montagne, et, seules, dans les vallées riches, le foin nourrissant, long et épais qui assure le plus grand produit d'un pré. En dehors des graminées, on trouve, croissant volontiers avec elles, des plantes parentes, les cypéracées ou carex, qui couvrent surtout les prés nommés prés aigres, et doivent être considérées comme de mauvaises herbes.

Le foin aigre présente une nourriture sans danger pour les chevaux ; le foin doux est préférable pour les moutons et les bœufs.

D'après la quantité du produit, on fait une, deux ou plusieurs coupes dans les prés.

On distingue les prés d'été et les prés d'hiver ; ces derniers, aussi appelés *marcites* (1), se trouvent seulement en Lombardie et ils donnent chaque année, en six coupes, jusqu'à 400 quintaux de foin par hectare.

Nous allons rapidement examiner les causes qui ont le plus d'influence sur la qualité et la quantité du produit des prés en herbe.

Climat et situation. — Tous deux sont déterminés par l'élévation au-dessus du niveau de la mer, ainsi que par la latitude et l'exposition de la contrée.

(1) Les marcites de Lombardie sont des prairies sur lesquelles, depuis le mois de septembre au plus tard jusqu'au printemps suivant, court sans interruption une mince nappe d'eau tiède qui, en empêchant l'action des gelées, développe et accélère la végétation des plantes. (*Note du traducteur.*)

Nous trouvons la végétation de l'herbe aussi riche sur l'Himalaya à une hauteur de 5400 mètres au-dessus du niveau de la mer, qu'à 2400 mètres dans les Andes de Quito, en Suisse à 1200 mètres, comme aussi dans les plaines de Hollande et du Holstein, au bord de la mer du Nord et de la mer Baltique. La riche croissance de l'herbe est liée à un certain degré de chaleur et surtout à une certaine quantité d'humidité de l'air et du sol, ou à tous deux simultanément.

Les prés situés sur les montagnes et les hauteurs qui ne sont mouillées que par la pluie, sont par conséquent classés comme prés secs ; parmi ceux qui, d'après leur voisinage, peuvent être appelés prés de forêts, nous trouvons dans les bas-fonds les prés humides, comme ceux des vallées, des rivières ou des ruisseaux, sur des terrains qui n'offrent que peu ou point de ressources pour la culture.

Les prés irrigués des vallées sont ceux qui, avec un traitement convenable, garantissent le plus grand rapport.

Les prés situés au bord des rivières souffrent quelquefois d'inondations qui gâtent la récolte, ou bien ils sont recouverts, soit au printemps, soit en automne, par du sable et du gravier qui en diminuent le rapport pour l'année suivante.

Sol. — Les exigences des graminées rustiques quant au sol sont moins grandes que celles des céréales soignées par la main de l'homme, qui ne produisent que si le sol est en rapport avec les soins qu'on leur a donnés ; cependant la fertilité du terrain exerce une grande influence sur la qualité et la quantité du foin obtenu.

On doit étudier les propriétés chimiques du sol, aussi bien que ses propriétés physiques, c'est-à-dire le degré de légèreté ou de cohésion de la terre, le rapport entre les quantités d'eau et de calorique exigées par le sable, le calcaire ou l'argile, et aussi les proportions dans lesquelles se trouvent les substances organiques, comme la tourbe et le marais.

Les propriétés chimiques comprennent les divers principes nutritifs assimilables aux plantes ; réunies aux propriétés physiques, elles ont la plus grande influence sur le produit des prés et sur la composition du gazon.

Les plantes absorbant toujours dans les mêmes proportions relatives les sels contenus dans la terre, et les prés ne profitant pas du changement d'assolement comme les champs, le sol s'use d'une façon uniforme et continuelle dans les couches supérieures. Les

racines des herbes, en effet, s'enfoncent beaucoup moins profondément que celles des plantes cultivées; la couche supérieure seule
est ameublie par le froid, de sorte que les substances nutritives nécessaires à la végétation sont peu à peu enlevées à la composition du
sol. C'est pour cette raison que l'on voit successivement disparaître
les meilleures graminées des prés qui ne sont pas fumés et que l'on
fauche toujours. Les gazons deviennent moins épais et sont envahis
par des plantes moins exigeantes, telles que les mousses.

Un certain degré d'humidité du sol, comme dans les terres qu'on
appelle fraîches, est d'une importance toute particulière pour la
prospérité des bonnes herbes. Cette qualité du terrain repose, sauf
le climat et la situation, dans sa capacité absorbante et conservatrice
de l'eau.

Eau. — Si le sol ou l'air manquent d'humidité naturelle, ce que le
gazon exige par-dessus tout, la culture des prés n'est possible que
par l'arrosement artificiel ou l'irrigation; car l'herbe fraîche contient 70 p. 100 et plus d'eau, et la riche végétation d'un pré n'est
garantie que par le bon aménagement de l'eau qu'on lui donne.

L'irrigation rend en même temps au sol, de la manière la plus
simple, les sels qui lui manquaient, et le met à même de reproduire
toujours de nouvelles plantes.

C'est pourquoi l'eau est le fumier naturel des prés : une bonne
irrigation est comme une couche de terreau pour la croissance de
l'herbe.

Les endroits non irrigués ne peuvent être cultivés en prés que
dans le cas où les terres sont fraîches, ou bien si l'atmosphère est
humide, et en outre ils exigent des fumures artificielles.

L'eau cependant peut être nuisible à de bons prés si elle est en
excès et stagnante, ou si elle s'écoule trop lentement et incomplète-
ment. Dans ces conditions, on a des prés marécageux, produisant des
herbes aigres; le foin récolté est dur et peu nutritif; il pousse des
mousses aquatiques et dans beaucoup de cas il se produit des tourbes.

Le desséchement est alors nécessaire et il précède l'irrigation ou
fonctionne simultanément avec elle dans les prés humides ou irrigués auxquels on demande une récolte abondante et de bonne qualité.

ENTRETIEN DES PRÉS.

La culture des prés, comme celle des champs, comprend le dé-
frichement et la préparation du sol, la fumure, l'ensemencement,

les soins à donner aux plantes, la récolte des grains et leur conservation.

A côté de soins purement agricoles vient la partie technique, qui
consiste dans les mesures à prendre pour le service permanent ou
alterne de l'eau, mesures consacrées par l'expérience des siècles.

Tandis que tout agriculteur doit connaître les travaux à exécuter
sur des prés secs et irrigués d'après des règles déterminées, la
construction des prés, c'est-à-dire la création de prés irrigables,
exige des connaissances théoriques et pratiques dont les principes
sont très-simples et très-faciles à comprendre, pourvu que l'on ait
fait quelques études préliminaires.

Celui qui améliore et reconstruit les prés d'une façon technique
et rationnelle, se distingue du cultivateur routinier et empirique
par la connaissance et la juste application des principes pratiques et
théoriques qui conviennent à une situation donnée. Il agit à coup sûr
là où le second n'eût procédé que par tâtonnements; et si quelquefois ce dernier a la chance de rencontrer juste, il n'en fera pas
moins des écoles dans la plupart des cas, et ne saura adopter d'em-
blée la méthode la moins chère et la plus pratique.

CONNAISSANCES PRÉLIMINAIRES.

D'après ce qui précède, l'art de l'établissement des prés se divise
en une partie générale ou *agricole* et une partie spéciale ou *technique*.

Cette dernière s'occupe du projet, du tracé et de l'exécution des
plans exigés pour le desséchement et l'irrigation des prés; l'autre
traite du sol, de l'eau, des amendements, de l'établissement et
des soins à donner au gazon, de l'irrigation, et de la récolte quant
à sa conservation et à son usage, aussi bien que du rapport brut
et net des prés.

L'étude de la science des prairies exige les mêmes connaissances
en histoire naturelle que celle de l'agriculture. Elle demande, en
outre, des notions plus approfondies en mathématiques appliquées,
et le praticien ne saurait se passer, pour ses opérations, de recourir
constamment au secours des mathématiques.

La technologie de l'entretien des prés a des principes plus certains et plus scientifiques que celle de la culture des terres; elle est
aussi capable d'applications bien plus systématiques, qui élèvent le
spécialiste adroit au-dessus de celui qui n'a que des connaissances

générales en agronomie, et lui permettent de prétendre à une plus forte rémunération.

Cette spécialité demande donc, pendant un temps assez long, des études particulières.

Les Écoles pour la création des prairies, bien organisées et bien dirigées, formeront certainement de bons ingénieurs agricoles, et répondront ainsi à un des plus grands besoins de notre époque.

On ne saurait non plus se passer de la connaissance des lois qui régissent dans certains pays la conduite et le partage des eaux.

BIBLIOGRAPHIE

Drainage des terres arables ; irrigation, engrais liquides ; législation du drainage, par J. Barral, 3ᵉ édit. Paris, 1862, 4 vol. in-18.

Manuel de l'irrigateur, par MM. Villeroy et Muller, 2ᵒ édit. Paris, 1868, 1 vol. in-18.

Traité théorique et pratique des irrigations, par M. Nadault de Buffon. 4 vol. in-8.

Irrigations dans les contrées montagneuses, par Sers.

Petit traité des irrigations, par James Donald, traduit de l'anglais par A. de Frarière. Paris, 1854, in-18.

Manuel de l'irrigation, par Deby. Bruxelles et Paris, 1855, in-18.

Des prairies naturelles en Alsace et des moyens de les améliorer, par M. Nicklès.

Prairies, de Moor. Bruxelles et Paris, 2ᵉ édit. 1 vol. in-18.

Art. IRRIGATION, extrait du Dictionnaire des arts et manufactures, par M. Hervé-Mangon, in-8.

Les irrigations de la France, d'après la dernière statistique officielle, par M. Raillard, ingénieur des Ponts et chaussées, membre de l'Académie impériale de Metz. Metz, 1865, in-8.

Des irrigations du Piémont et de la Lombardie, par M. A. Vignotti, officier d'artillerie. Extrait des mémoires de l'Académie impériale de Metz. Metz, 1860.

Traité des plantes fourragères, par M. Lecoq, 2ᵉ édit. Paris, 1862, 1 vol. in-8.

Plantes fourragères, par G. Heuzé, professeur d'agriculture à Grignon, 3ᵉ édit. Paris, 1861, 1 vol. in-8.

Le livre de la Ferme et des Maisons de campagne. 2 vol. gr. in-8ᵒ jésus, avec 1720 figures dans le texte.

Maison rustique du dix-neuvième siècle. Paris, 1835-1844, 5 vol. grand in-8.

Journal d'agriculture pratique. Paris, 1857, et année suivante.

Journal de l'agriculture, fondé par M. Barral.

Journal de l'agriculteur praticien. Paris, 1853, et suiv.

Traité pratique de la culture des plantes fourragères, par Leroy.

Législation des irrigations en Italie et en Allemagne, par M. de Mauny de Mornay, chef de division au ministère de l'agriculture.

Encyclopédie pratique de l'agriculteur, tome XI (article PRAIRIES, par M. Mol).

Irrigation des prairies (traité pratique), par Keelhoff, ingénieur chargé des irrigations de la Campine (Belgique). Bruxelles et Paris, 1856, 1 vol. in-8, atlas.

Traité du drainage, ou Essai théorique et pratique sur l'assainissement des terrains humides, par J. Leclerc, 3ᵉ édit. Bruxelles et Paris, 1 vol. in-18.

Notes sur le drainage, par Hernoux. Paris, 1857, in-18.

Drainage. L'art de tracer et d'établir les drains, par J. Grandvoinet. Paris, 1854, 1 vol. in 18.

Ouvrages allemands sur le drainage, l'irrigation et ce qui se rapporte aux prairies.

Hanstein. — Die Familie der Gräser. Wiesbaden, 1857.

Jessen. — Deutschland's Græser und Getreidearten. Leipzig, 1863.

Langenthal. — Landwirthschaftliche Pflanzenkunde. Iena, 1841.

Grouven. — Fütterungsversuche. 2. Auflage. Köln, 1863.

Becker. — Der Wasserbau. Stuttgart, 1856.

Dengler. — Weg-Brücken und Wasserbaukunde. Stuttgart, 1863.

Zaminer. Anleitung zur Flächenaufnahme und zum Wiesen und Wegbau. Darmstadt, 1836.

Instruction über die bei Landes-Cultur-Arbeiten vorkommenden Wasserbauten, nahmentlich der Wehre und Schleuszen. Trier, 1856.

Instruction der königlichen General-Commission für Schlesien, für Feldmesser und Draintechniker. Berlin, 1857.

V. Lengerke. — Praktischer Wiesenbau. Prag, 1836.

Fries. — Lehrbuch des Wiesenbaues. Braunschweig, 1850.

Wehner. — Unterricht in Wiesenwässerungs-Anlagen. Glogau, 1844.

Patzig. — Der praktische Rieselwirth. 4. Auflage. Wittemberg, 1862.

Vorländer. — Die Siegensche Kunstwiese. Siegen, 1837.

V. Liebig.— Die Chemie in ihrer Anwendung auf Agricultur und Physiologie. 7. Auflage. Braunschweig, 1862.

Schwerz. — Praktischer Ackerbau. Stuttgart, 1828.

Zeller. — Das Wiesen-Culturgesetz im Groszherzogthum Hessen. Darmstadt, 1843.

Lauter. Behandlung der Wässerwiesen. Karlsruhe, 1851.

Die Wiesenordnung für den Kreis. Siegen, 1847.

DE LA

CRÉATION DES PRAIRIES

PREMIÈRE PARTIE

CULTURE DES PRÉS EN GÉNÉRAL.

1. SURFACE DES PRÉS.

1. La surface des prairies naturelles doit être unie pour la facilité du fauchage de l'herbe et sa mise en tas, de même que pour
l'écoulement de l'eau.

Une erreur assez générale est de croire que de bons prés doivent
offrir un plan parfait ou sinon qu'il faut faire ce que l'on peut
pour arriver à ce résultat.

Pourvu que la faux puisse travailler régulièrement et l'eau ne
pas rester stagnante de façon à former des marais et à provoquer l'apparition de mauvaises plantes, le but principal est rempli,
même s'il se présente quelques inégalités ou des pentes dans diverses directions.

Une pente quelconque est du reste nécessaire soit pour l'écoulement de l'eau, soit pour l'arrosage.

2. La surface de bons prés ne doit être évidemment couverte
qu'avec un gazon uni. Tout ce qui est broussailles, arbres, pierres,
taupinières, fourmilières doit être enlevé, et il faut remplir les
creux où l'eau pourrait séjourner.

Quoique les taupes soient utiles pour la destruction des larves de
hannetons et d'autres insectes nuisibles, on ne doit pas les tolérer
dans les prés et il faut s'en débarrasser au moyen de piéges ou en-

core plus simplement par l'irrigation. Il en est de même des colo-
nies de fourmis qui ne se trouvent ordinairement que sur des
places sèches.

Pour l'aplanissement rapide et à bon marché des taupinières et
des fourmilières, il y a, outre le râteau et la herse, le rabot de prés,
la herse d'épines. La herse de prés de Bohême doit être surtout
recommandée (*fig.* 1) ; cette herse en fer forgé a été inventée par

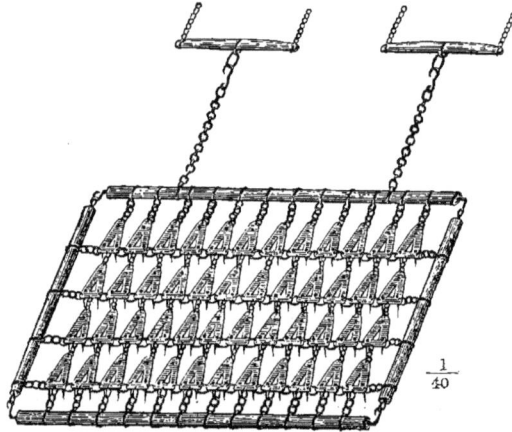

Fig. 1.

l'agronome Semsch, de Swoischitz, et perfectionnée par l'inspec-
teur agricole Kerber, à Langhellwigsdorf en Silésie. Elle est surtout
bonne pour enlever la mousse qui croît en étouffant l'herbe, aussi
bien sur les prés secs que sur les prés humides, lorsqu'ils ne sont
pas régulièrement et suffisamment fumés.

C'est en obtenant et en entretenant constamment un gazon
vigoureux qu'un cultivateur soigneux crée des récoltes riches en
fourrage et fait preuve d'activité et d'expérience.

2. DU GAZON.

3. Dans de bons prés les graminées doivent prédominer et se
trouver représentées par plusieurs espèces, tandis que les autres
plantes, comme les trèfles, les pois, les vesces, doivent former la
minorité.

Les graminées sont particulièrement reconnues comme tallant, et sont supérieures pour l'entretien d'un gazon épais là où la fraîcheur et la richesse du sol leur promettent la prospérité.

Le trèfle et d'autres plantes herbacées meurent peu à peu, et le gazon a des vides d'autant plus considérables que le sol favorise moins leur croissance.

Dans ce cas, les vides se remplissent bientôt par les rejetons et les stolons des graminées, qui reforment alors un gazon épais, car leur multiplication et leur propagation se fait, outre la semence, par la séparation des pieds. Les autres plantes se multiplient ordinairement par semences et ne sont qu'en partie vivaces.

Il y a cependant des graminées annuelles dont la semence est le seul moyen de reproduction; mais la plupart sont bisannuelles et vivaces et se propagent par la semence et par les rejets des racines.

4. Les graminées vivaces tallent peu à peu, c'est-à-dire forment autour de la tige une trochée de laquelle partent des rejets souterrains.

Si ces rejets se relèvent contre la couche supérieure du sol, il se forme plusieurs bouquets de brins soit denses soit lâches, comme le montrent les vieux pieds de ray-grass anglais.

Lorsque la racine est rampante, comme dans le chiendent, ces herbes ont des rejetons qui forment des racines et des plantes indépendantes.

Il se forme ainsi par les semences et les rejetons des herbes mortes, de nouvelles plantes, et le renouvellement continuel du gazon n'est possible que de cette façon.

Les racines des graminées sont fasciculées (en forme de bouquet) ou en filaments qui pénètrent de toutes parts la première couche du sol, et concourent avec les racines traçantes à former un gazon épais qui s'éclaircit dès qu'il est dépassé par des touffes élevées.

5. Dans les plantes des prés, il faut distinguer la tige et les feuilles radicales; ces dernières garnissent le sol.

On sait combien l'herbe est claire par suite d'une température défavorable au printemps; mais, dans les bons prés irrigués, outre les feuilles radicales, les tiges sont touffues; les plantes dicotylédones diminuent alors, tandis que sur les prés secs elles forment la majorité.

C'est par les feuilles radicales que les pâturages ont de la valeur, les tiges n'arrivant que par exception à leur complet développement; par suite les plantes annuelles disparaissent, celles qui sont vivaces pouvant seules se reproduire par leurs racines.

CLASSIFICATION DES PLANTES (1).

·6. Dans l'énumération suivante, les plantes sont placées dans une échelle décroissante, suivant la masse qu'elles présentent généralement dans la composition des prairies, sans avoir égard à leur classification botanique.

L'époque de leur floraison est indiquée pour les régions de l'Est et du Nord-Est de la France.

A. Cochard.

PREMIÈRE CATÉGORIE

PLANTES FOURRAGÈRES.

Famille des Graminées.

Agrostis des chiens (*Agrostis canina*), prairies humides et tourbeuses. Vivace; fleurit de juin en août. Convient surtout aux vaches et aux chevaux.

Agrostis blanc (*Agrostis alba*) et Agrostis traçant (*A. stolonifera*) ou *Fiorin* des Anglais. Vivaces; fleurissent en juin et juillet; sont d'une grande valeur pour les prés et les gazons, ont des tiges nombreuses, couchées, rameuses à leurs bases et poussant des racines de tous les nœuds qui se trouvent en contact avec le sol. Abondantes sur des terrains humides et marécageux: valent mieux pour des pâturages que pour des prés à faucher. L'herbe est peu sensible au froid; fourrage tendre et doux. Un terrain sec ne leur convient pas.

Agrostis d'Amérique (*Agrostis dispar*), mêmes caractères que les précédentes, seulement la tige en est un peu dure.

Agrostis vulgaire (*Agrostis vulgaris*). Prairies sèches. Vivace; fleurit de juin en août. Fourrage fin et délicat.

Avoine blonde ou Petit Fromental (*Avena flavescens*). Prairies sèches. Vivace; fleurit de juin en septembre. Herbe excellente.

Avoine élevée, Fromental ou Ray-grass français (*Avena elatior*). Vivace; fleurit en mai et en juin. Herbe élevée, a peu de substances nutritives, mais est d'un rapport très riche sur des terrains secs et fertiles.

Avoine des prés (*Avena pratensis*). Terrains secs et légers. Vivace; fleurit en juin et juillet. Plante assez rare.

Avoine velue ou Avrone (*Avena pubescens*). Vivace; fleurit en mai et juin. Herbe riche et précoce, se flétrissant vite et n'admettant pas une récolte tardive, car elle se durcit; pour cette raison est propre aux pâturages et vient même sur des terrains de peu de valeur.

Brize tremblante, Amourette (*Briza media*). Prairies sèches. Vivace; fleurit

(1) Cette classification, ajoutée par nous avec l'autorisation de l'auteur, est tirée en partie d'un mémoire de M. Nicklès sur l'amélioration des prairies naturelles en Alsace.

A. Cochard.

en mai et juin. De peu de rapport comme fourrage, fort recherchée par les moutons.

Brome sans barbe (*Bromus inermis*); Brome droit (*Bromus erectus*); Brome des prés (*Bromus pratensis*). Terrains légers et meubles, prairies sèches, fleurissent de mai en août. Vivaces. Ne conviennent que jeunes à cause de la dureté de leurs tiges.

Brome stérile (*Bromus sterilis*) et Brome penné (*Bromus pinnatus*); mêmes caractères que les précédents, ainsi que :

Brome en grappes (*Bromus racemosus*), bisannuel; Brome des seigles (*Bromus secalinus*), annuel, et Brome doux et velouté (*Bromus mollis*), annuel.

Canche aquatique, Erbin (*Aira aquatica*) et Canche des gazons, Canche touffue (*Aira cæspitosa*). Vivaces; fleurissent de juin en septembre. Terrains humides. Bonnes pour les pâturages.

Crételle des prés (*Cynosurus cristatus*). Terrains frais, supporte cependant la sécheresse. Vivace ; fleurit de mai en juillet. Mauvais fourrage. Plante de pelouses et de pâturages.

Dactyle pelotonné (*Dactylis glomerata*). Terrains un peu humides et argileux. Vivace ; fleurit de mai en août. Très-commun et se développant vite, donne beaucoup de foin d'une qualité savoureuse.

Fétuque duriuscule, Durette (*Festuca duriuscula*). Terrains secs et calcaires. Vivace; fleurit en mai et juin. Bonne plante de pâturages.

Fétuque des prés (*Festuca pratensis*). Vivace, fleurit de juin en août. Terrains argileux et frais. Fourrage fort estimé, convient beaucoup aux chevaux.

Fétuque élevée (*Festuca elatior*). Vivace, un peu plus tardive que la précédente.

Fétuque ovine (*Festuca ovina*) et Fétuque rouge (*Festuca rubra*). Vivaces, fleurissent de juin en août. Terrains secs et graveleux. Excellente nourriture pour les moutons.

Fétuque flottante ou Manne de Pologne (*Festuca seu Glyceria fluitans*) et Fétuque roseau ou Grande Queue de rat (*Festuca arundinacea*). Prairies humides et marécageuses; vivaces ; fleurissent de mai en septembre. Se trouvent rarement dans les prés, plutôt près des eaux courantes, dont elles fortifient les berges par leurs racines. Tiges dures, doivent être fauchées jeunes.

Fléole noueuse (*Phleum nodosum*). Prairies sèches et calcaires. Vivace; fleurit de mai en septembre. Fourrage peu estimé.

Fléole des prés, Thimothy, Fléau, etc. (*Phleum pratense*). Terrains humides et argileux. Vivace, fleurit de mai en septembre. Produit un foin dur, mais très-abondant. Gramen à tiges très-hautes et à fanes abondantes ; très-favorable pour fumer des champs de trèfle.

Flouve odorante, Flouve des Bressans (*Anthoxanthum odoratum*). Prospère dans tous les terrains. Vivace ; fleurit d'avril en juin. Ses tiges peu élevées la rendent d'un faible produit ; est d'un goût un peu amer ; c'est à sa présence qu'est due l'odeur balsamique du foin, aussi ne doit-elle s'y trouver qu'en petite quantité, car les animaux, sauf les moutons, ne le mangeraient plus volontiers.

Houque laineuse, Blanchard velouté (*Holcus lanatus*). Vient dans tous les terrains, mais préfère les terrains humides. Vivace; fleurit de juin en septembre. Plante des plus précieuses pour la formation des prés et des pâturages.

2

Houque soyeuse ou molle (*Holcus mollis*). Prospère dans tous les terrains. Vivace, fleurit de juin en septembre. Moins productive que la précédente.

Ivraie vivace, Ray-grass anglais (*Lolium perenne*). Terrains un peu humides. Vivace, fleurit de juin en septembre. Graminée fine et très-riche en fourrage, fournit un gazon épais, ce qui la fait rechercher pour les pelouses ; est facilement étouffée par d'autres herbes ; c'est pourquoi dans les jardins il faut souvent recommencer l'ensemencement. Est sensible aux hivers froids.

Ivraie d'Italie, Ray-grass d'Italie (*Lolium italicum*). Vivace, mais, dans le nord de l'Europe, ne dure pas plus de deux ans. A les tiges plus élevées et les feuilles plus larges que la précédente, ne talle ou ne gazonne pas autant, se développe plus vite et donne, sur un sol bien fumé, dès la première année, jusqu'à trois bonnes coupes d'un fourrage riche et nutritif ; excellente plante. L'irrigation d'eau mélangée à du purin lui est très-favorable. Craint beaucoup les hivers froids.

Molinie bleue (*Molinia cærulea*). Vivace, fleurit de juillet en septembre. Plante de peu de valeur.

Mélique ciliée (*Melica ciliata*) et Mélique élevée (*Melica altissima*). Vivaces ; fleurissent de mai en août. S'accommodent de terrains peu fertiles et ne sont utiles que dans ce cas.

Orge des prés (*Hordeum nodosum seu secalinum*). Prairies humides et argilo-calcaires. Annuelle. Fourrage de peu de valeur.

Chiendent (*Triticum repens*). Terrains substantiels, plutôt humides que secs. Vivace ; fleurit de juillet en septembre. Ses feuilles vertes, molles, velues, sont recherchées par les bestiaux. Excellent comme fourrage et pour les pâturages. Ses racines longues et rampantes ramassées à la surface des champs nouvellement labourés sont données avec succès aux chevaux et aux vaches dans certains pays ; à cause de leur longueur et de leur flexuosité, elles retiennent très-bien les terres meubles en pente ; on emploie à cet effet le chiendent sur les talus de chemins de fer et sur les berges des fossés où il donne en même temps un bon produit en fourrage.

Paturin annuel (*Poa annua*). Plante très-commune venant partout. Annuel, fleurit d'avril en septembre. Sa courte durée et son peu de développement le rendent tout au plus bon pour des pâturages.

Paturin commun (*Poa trivialis*). Vivace, fleurit de juin en août. Se plaît beaucoup dans les terrains humides, est d'après cela de la plus grande valeur pour les prés irrigués. Très-bon fourrage.

Paturin à crête (*Poa cristata*). Peut croître sur des terrains sablonneux de peu de valeur. Vivace, fleurit de juin en septembre. Fourrage peu productif n'ayant qu'une touffe gazonneuse très-courte.

Paturin à feuilles étroites (*Poa angustifolia*) ou paturin des bois (*Poa nemoralis*). Prairies peu humides et ombragées. Vivace, fleurit de mai en août. Herbe peu gazonneuse, mais très-précoce, donne un foin abondant et nourrissant.

Paturin des prés (*Poa pratensis*). Terrains frais pas trop humides. Vivace ; fleurit de mai en août. Excellente plante fourragère, forme un bon gazon dans les prairies ; est d'une précocité et d'une dessiccation très-prompte.

Paturin aquatique (*Poa aquatica*) ou glycérie aquatique (*Glyceria aquatica seu spectabilis*). Vivace ; fleurit de mai en août. Tiges longues et épaisses,

feuilles larges et tendres, mais peu fournies. Se trouve sur les terrains marécageux, dans les canaux ou sur les sources; très-utile pour les endroits sub-
mergés ; donne un fourrage vert très-succulent et du foin de bonne qualité.

Phalaris roseau ou Roseau ruban (*Phalaris arundinacea*). Vivace ; fleurit de
juin en septembre. Terrains humides et marécageux, réussit cependant sur des
terrains maigres et secs, ainsi que sa variété, le petit Roseau panaché, qui est
surtout une plante d'agrément. Doit être fauché jeune, parce que ses tiges deviennent un peu dures.

Triodie couchée, Fétuque inclinée (*Triodia decumbens*). Terrains secs et calcaires. Vivace; fleurit de juin en septembre. Convient surtout aux brebis.

Vulpin genouillé (*Alopecurus geniculatus*). Terrains humides et marécageux; croît naturellement au bord des étangs. Vivace ; fleurit de juin en août.
Fourrage peu estimé.

Vulpin des prés, Queue de renard (*Alopecurus pratensis*). Prairies argileuses
un peu humides ou irriguées. Vivace ; fleurit de mai en août. Est une des
graminées fourragères les plus précieuses pour sa précocité et l'abondance de
ses produits. Tombe et pourrit facilement ; c'est pourquoi les prés où elle prédomine doivent être fauchés à temps et souvent. Belle herbe de pelouses.

Famille des Légumineuses. — Papilionacées.

Anthyllide vulnéraire (*Anthyllis vulneraria*). Terrains secs et arides. Vivace ;
fleurit en juin et juillet.

Coronille bigarrée, Faucille (*Coronilla varia*). Terrains secs et légers. Vivace ; fleurit en juin et juillet. Plante nuisible étant fraîche, desséchée donne
un bon fourrage.

Fer à cheval (*Hippocrepis comosa*). Terrains secs et calcaires. Vivace ; fleurit
de mai en juillet.

Genêt des teinturiers (*Genista tinctoria*). Terrains secs et graveleux. Vivace;
fleurit en juin et juillet. N'est bon que jeune, les tiges devenant très-dures.

Gesse des prés (*Lathyrus pratensis*). Prairies basses et un peu humides. Vivace ; fleurit de juin en août.

Lotier des prés, trèfle cornu (*Lotus corniculatus*). Prairies sèches. Vivace ;
fleurit de mai en août.

Lotier des marais (*Lotus uliginosus*). Prairies humides et marécageuses;
fleurit de mai en août.

Lotier siliqueux (*Lotus siliquosus*). Prairies humides. Vivace, fleurit en juin
et juillet.

Luzerne cultivée (*Medicago sativa*). Terrains légers. Vivace ; fleurit de mai
en août. Très-employée pour prairies artificielles.

Luzerne jaune (*Medicago falcata*). Prairies sèches. Vivace; fleurit de juin en
août.

Luzerne lupuline (*Medicago lupulina*). Prairies sèches. Bisannuelle ; fleurit
de mai en septembre.

Mélilot commun (*Melilotus officinalis*). Terrains légers et sablonneux. Bisannuelle, fleurit en juin et juillet. Précieux pour corriger et aromatiser les mauvais foins.

Sainfoin commun, Esparcette (*Onobrychis sativa*). Terrains secs et calcaires.

Vivace; fleurit de juin en août. Est une des meilleures plantes fourragères que l'on connaisse; améliore beaucoup les terres; est surtout cultivée en prairie artificielle.

Trèfle blanc de Hollande (*Trifolium repens*). Prairies humides. Vivace; fleurit de juin en septembre. Est excellent pour fournir le gazon dans les prés.

Trèfle des campagnes (*Trifolium agrarium*). Prairies de montagnes. Annuel; fleurit de juin en septembre.

Trèfle couché, Trèfle nain (*Trifolium procumbens*). Prairies sèches. Vivace; fleurit de mai en août.

Trèfle couleur d'ocre (*Trifolium ochroleucum*). Terrains secs et calcaires. Vivace; fleurit en juin et juillet.

Trèfle filiforme (*Trifolium filiforme*). Prairies un peu humides. Annuel; fleurit de mai en août.

Trèfle fraise, Trèfle capiton (*Trifolium fragiferum*). Prairies humides. Vivace; fleurit de juin en août.

Trèfle hybride (*Trifolium hybridum*). Terrains argilo-calcaires. Vivace; fleurit de juin en septembre.

Trèfle intermédiaire (*Trifolium medium*). Terrains calcaires. Vivace; fleurit de juin en septembre.

Trèfle des montagnes (*Trifolium montanum*). Terrains calcaires. Vivace; fleurit de mai en juillet.

Trèfle des prés, Grand trèfle rouge, Cloven anglais (*Trifolium pratense*). Terrains argilo-calcaires. Vivace; fleurit de juin en septembre. Cultivé surtout en prairies artificielles.

Trèfle rouge (*Trifolium rubens*). Terrains calcaires. Vivace; fleurit en juin et juillet.

Vesce cultivée (*Vicia sativa*). Terrains légers. Annuelle; fleurit de mai en juillet. Rare dans les prés, se cultive en prairie artificielle en mélange avec des graminées.

Vesce à épis (*Vicia cracca*). Terrains secs et calcaires. Vivace; fleurit en juin et juillet.

Vesce des haies (*Vicia sepium*). Prairies bordées de forêts. Vivace; fleurit d'avril en juillet.

Famille des Composées.

Chicorée sauvage (*Cichorium Intybus*). Terrains secs. Vivace; fleurit de juillet en septembre. Prairies artificielles, convient surtout aux vaches.

Cirse des lieux cultivés (*Cirsium oleraceum*). Prairies humides. Vivace; fleurit de juillet en septembre. Tiges un peu dures, mais donne du corps au regain.

Cirse des marais (*Cirsium palustre*). Prairies humides. Vivace; fleurit de juin en septembre.

Cirse tubéreux (*Cirsium tuberosum*). Terrains secs et graveleux. Vivace; fleurit en juillet et août. Ces deux dernières plantes ne sont pas à recommander, leurs tiges étant très-dures.

Épervière des marais (*Hieracium paludosum*). Prairies humides et tourbeuses, surtout de montagnes. Vivace; de juin en août.

Dent de lion d'automne (*Leontodon autumnalis*). Prés secs. Vivace; fleurit de juillet en septembre.

Dent de lion fer de lance (*Leontodon hastilis*). Prés secs. Vivace ; fleurit de juin en septembre.

Dent de lion hérissée (*Leontodon hirtus*). Prés secs. Vivace ; fleurit en juillet et août.

Dent de lion pissenlit (*Leontodon Taraxaci*). Prés humides. Vivace ; fleurit d'avril en septembre. Ces quatre plantes, de bonne qualité, sont cependant désavantageuses dans les prés, car leurs feuilles étaléesoccupent beaucoup d'espace, échappent à la faux et tombent en poussière après dessiccation.

Mille-feuilles (*Achillœa millefolium*). Prairies sèches. Vivace ; fleurit de juin en septembre. Convient surtout aux vaches et aux moutons.

Pâquerette (*Bellis perennis*). Terrains un peu humides. Vivace ; fleurit de février en octobre.

Porcelle à longue racine (*Hypochœris radicata*). Terrains argileux et frais. Vivace ; fleurit de juin en septembre. Ces deux dernières plantes ont les mêmes inconvénients que les dents de lion.

Famille des Ombellifères.

Branc-ursine, Griffe d'ours (*Heracleum Sphondylium*). Terrains un peu humides Vivace ; fleurit de juin en septembre. Tiges devenant un peu dures.

Boucage (grande), (*Pimpinella magna*). Terrains légers et frais. Vivace ; fleuri de mai en septembre.

Boucage (petite), (*Pimpinella saxifraga*). Prés secs. Vivace ; fleurit de juille en septembre. Ces deux espèces conviennent surtout aux vaches.

Carotte sauvage (*Daucus carota*). Terrains meubles et frais. Bisannuelle ; fleurit de juin en septembre.

Cumin des prés (*Carum Carvi*). Terrains calcaires. Bisannuelle ; fleurit de mai en juin.

Panais ordinaire (*Pastinaca sativa*). Terrains frais et meubles. Bisannuelle, fleurit de juillet en octobre. Son produit principal est en regain.

Sélin à feuilles de carvi (*Selinum carvifolia*). Prairies un peu humides. Vivace ; fleurit de juillet en septembre. Recherchée par les bestiaux.

Famille des Rosacées.

Filipendule (*Spirœa filipendula*). Prés secs. Vivace ; fleurit en juin et juillet.

Ormière, Reine des prés (*Spirœa ulmaria*). Prairies humides. Vivace ; fleurit de mai en juillet. Ces deux plantes sont peu avantageuses.

Pimprenelle (grande) (*Sanguisorba officinalis*). Prairies sèches. Vivace ; fleurit de juin en août.

Pimprenelle (petite) (*Poterium sanguisorba*). Terrains marneux. Vivace ; fleurit de mai en juillet. Ces deux plantes fournissent un foin dur, sont spécialement bonnes pour les terrains secs, qu'elles améliorent comme pâturages de bêtes à laine.

Famille des Dipsacées.

Scabieuse colombaire (*Scabiosa columbaria*). Prairies sèches. Vivace ; fleurit de juin en septembre.

Scabieuse des champs (*Scabiosa arvensis*). Prairies sèches. Vivace ; fleurit de mai en septembre.

Scabieuse mors du diable (*Scabiosa succisa*). Prairies humides. Vivace ; fleurit en août et septembre.

Ces trois plantes sont peu avantageuses dans les prairies, leurs tiges sont dures et leurs feuilles radicales échappent facilement à la faux.

Famille des Rubiacées.

Gaillet blanc (*Galium Mollugo*). Vivace ; fleurit de mai en juillet.

Gaillet jaune (*Galium verum*). Prairies sèches. Vivace ; fleurit de juin en septembre.

Ces plantes teignent en rouge les os des animaux qui s'en nourrissent ; sont bonnes dans le foin qu'elles aromatisent.

Famille des Plantaginées.

Plantain à grandes feuilles (*Plantago major*). Terrains légers. Vivace ; fleurit de juin en octobre.

Plantain moyen (*Plantago media*). Terrains légers. Vivace ; fleurit de mai en juillet.

Plantain lancéolé (*Plantago lanceolata*). Terrains légers. Vivace ; fleurit de mai en septembre.

Ces trois plantes, quoique riches en principes nutritifs, ne produisent pas beaucoup dans les prairies ; leurs feuilles étalées en rosette occupent beaucoup d'espace au détriment d'autres herbes, et tombent en poussière pendant la fenaison.

Famille des Crucifères.

Cardamine des prés (*Cardamine pratensis*). Prairies humides. Vivace ; fleurit en avril et mai. Convient beaucoup aux moutons et aux vaches.

Famille des Campanulacées.

Campanule à feuilles rondes, Clochette (*Campanula rotundifolia*). Prairies sèches. Vivace ; fleurit de mai en septembre.

Campanule raiponce (*Campanula rapunculus*). Terrains secs. Bisannuelle ; fleurit de mai en août.

Raiponce orbiculaire (*Phyteuma orbiculare*). Prairies sèches. Vivace ; fleurit de mai en juillet.

Famille des Polygalées.

Laitier commun, Herbe au lait (*Polygala vulgaris*). Vivace ; fleurit d'avril en août. Malgré son étymologie, peut à peine être comptée comme espèce fourragère.

Famille des Polygonées.

Bistorte (*Polygonum bistorta*). Prairies humides de montagnes. Vivace ; fleurit de mai en août.

Renouée des petits oiseaux (*Polygonum aviculare*). Le long des chemins. Annuelle; fleurit de mars en novembre.

Famille des Labiées.

Serpolet (*Thymus serpyllum*). Terrains secs et arides. Vivace; fleurit de juillet en septembre. Rend le foin très-agréable, mais ne doit pas s'y trouver en trop grande quantité.

Famille des Caryophyllées.

Silène à calice enflé (*Silene inflata*). Prairies sèches. Vivace; fleurit de mai en juillet.

Famille des Alismacées.

Troscart des marais (*Triglochin palustre*). Prairies marécageuses. Vivace; fleurit de mai en juillet.

DEUXIÈME CATÉGORIE

PLANTES INDIFFÉRENTES.

Famille des Composées.

Buphthalme à feuilles de saule (*Buphthalmum salicifolium*). Prés secs. Vivace; fleurit de juin en août.

Centaurée jacée ou Jacée des prés (*Centaurea Jacea*). Prés secs. Vivace; fleurit de juin en septembre. Forme un foin excessivement dur.

Centaurée scabieuse (*Centaurea scabiosa*), comme la précédente.

Cirse nain (*Cirsium acaule*). Prés secs. Vivace; fleurit de juin en septembre.

Crépide bisannuelle (*Crepis biennis*). Prairies sèches. Bisannuelle, fleurit de mai en juillet.

Epervière oreille de souris (*Hieracium auricula*); Épervière piloselle (*H. pilosella*); Épervière rongée (*H. præmorsum*). Prés secs. Vivaces; fleurissent de mai en septembre.

Eupatoire à feuilles de chanvre (*Eupatorium cannabinum*). Prairies humides. Vivace; fleurit en juillet et août.

Gnaphale jaunâtre (*Gnaphalium luteo-album*) et Gnaphale des marais (*G. uliginosum*). Prairies humides et marécageuses. Annuelles; fleurissent de juillet en septembre.

Grande marguerite (*Chrysanthemum leucanthemum*). Prés secs. Vivace; fleurit de mai en septembre.

Inule britannique (*Inula britannica*). Terrains humides. Vivace; fleurit en août et septembre.

Inule à feuilles de saule (*Inula salicina*). Prés secs. Vivace; fleurit de juin en août.

Sarrète des teinturiers (*Serratula tinctoria*). Prairies fraîches. Vivace ; fleurit en juillet et septembre.

Seneçon jacobée, Jacobée des prés (*Senecio Jacobæa*) et Seneçon des marais (*Senecio paludosus*). Prairies marécageuses. Vivace ; fleurit de juin en septembre.

Salsifis des prés (*Tragopogon pratensis*). Bisannuelle, fleurit en mai et juin.

Tanaisie commune (*Tanacetum vulgare*). Terrains secs, bord des prés. Vivace; fleurit de juillet en septembre.

Tussilage pétasite (*Tussilago petasites*) et Tussilage pied de cheval (*T. farfara*). Terrains marneux et humides. Vivaces; fleurissent de mars en mai. Leurs larges feuilles étouffent les bonnes herbes; la plante meurt en deux ans, si l'on coupe les feuilles à mesure qu'elles poussent.

Famille des Cypéracées.

Choin noirâtre (*Schœnus nigricans*). Vivace ; fleurit de mai en juillet.

Linaigrette à feuille étroite (*Eriophorum angustifolium*). Vivace ; fleurit en avril et mai.

Linaigrette à large feuille (*Eriophorum latifolium*). Vivace; fleurit en avril et mai.

Scirpe des bois (*Scirpus sylvaticus*) et Scirpe des marais (*Scirpus palustris*). Vivaces ; fleurissent de mai en août.

Carex. Tous les carex sont vivaces; ils fleurissent généralement d'avril en juin. Nous n'indiquerons que le Carex brizoïde qui, après une certaine préparation, est exporté du pays de Bade et sert pour bourrer les matelas, les fauteuils, etc.

Les Cypéracées, en général, veulent un terrain plus ou moins humide, marécageux ou tourbeux. Ce sont elles qui constituent surtout le mauvais fourrage appelé *foin aigre*. Elles disparaissent par l'assainissement du terrain, ou aussi en les coupant bien ras et y répandant des cendres, de la chaux, etc.

Famille des Ombellifères.

Athamante des cerfs (*Athamanta cervaria*). Prés secs. Vivace; fleurit de juillet en septembre.

Angélique sauvage (*Angelica sylvestris*). Prés un peu humides. Vivace ; fleurit en juillet et août.

Cerfeuil sauvage (*Chærophyllum sylvestre*). Prés un peu humides. Vivace, fleurit d'avril en juin.

Queue de pourceau, Fenouil de porc (*Peucedanum officinale*). Prés secs. Vivace; fleurit de juillet en septembre.

Silaüs des prés (*Peucedanum Silaüs*). Prés un peu humides. Vivace ; fleurit de juillet en septembre.

Famille des Joncées.

Les joncs sont généralement un très-mauvais fourrage ; ils peuvent tout au plus servir de nourriture aux porcs. Les joncs aiment les terrains humides et marécageux ; pour les détruire on doit employer les mêmes moyens que pour les Cypéracées.

Famille des Aroïdées.

Acore odorant (*Acorus calamus*). Terrains marécageux. Fleurit de juin en août. Vivace.

Famille des Labiées.

Bétoine (*Betonica officinalis*). Prés secs. Vivace ; fleurit de juin en août.

Brunelle commune (*Brunella vulgaris*) et Brunelle à grandes fleurs (*Br. grandiflora*). Vivaces; fleurissent de juin en septembre. Terrains frais.

Bugle rampante (*Ajuga reptans*). Prairies un peu humides. Vivace, fleurit en mai et juin.

Épiaire des marais (*Stachys palustris*). Prairies humides. Vivace ; fleurit de juin en août.

Lierre terrestre (*Glechoma hederacea*). Au bord des prés. Vivace ; fleurit de mars en mai.

Sauge des prés (*Salvia pratensis*). Prairies sèches. Vivace ; fleurit de mai en juillet.

Scordium (*Teucrium Scordium*). Prairies basses et marécageuses. Vivace; fleurit de juillet en septembre.

Famille des Scrophularinées.

Rhinanthe crête de coq (*Rhinanthus cristagalli*). Prairies plus ou moins sèches. Annuelle ; fleurit de mai en juillet. D'après le docteur Sprengel, le meilleur moyen de la détruire, c'est de donner les prés en pâturage aux moutons deux années de suite.

Euphraise dentée (*Euphrasia odontites*) et Euphraise officinale (*E. officinalis*). Prairies humides. Annuelles; fleurissent de juin en septembre.

Linaire commune (*Linaria vulgaris*). Prés secs. Vivace ; fleurit de juillet en septembre.

Mélampyre à crêtes (*Melampyrum cristatum*). Prés secs au bord des bois. Annuelle, fleurit en juin et juillet.

Scrophulaire noueuse (*Scrophularia nodosa*). Prairies humides. Vivace; fleurit de juin en août.

Véronique serpolet (*Veronica serpyllifolia*) et Véronique petit chêne (*V. chamædrys*). Prés plus ou moins secs. Vivaces; fleurissent de mai en septembre.

Famille des Caryophyllées.

Céraiste commun (*Cerastium vulgatum*). Prés plus ou moins secs. Annuelle ; fleurit de mars en juin.

Fleur de coucou (*Lychnis flos-cuculli*). Prairies humides. Vivace ; fleurit de mai en juillet.

Œillet des Chartreux (*Dianthus carthusianorum*). Prés secs. Vivace; fleurit en juin et juillet.

Stellaire graminée (*Stellaria graminea*) et Stellaire verdâtre (*Stellaria glauca*). Prairies humides. Vivace ; fleurit en juin et juillet.

Famille des Rosacées.

Argentine (*Potentilla anserina*). Terrains humides et argileux. Vivace ; fleurit de mai en septembre.

Aigremoine (*Agrimonia Eupatorium*). Prairies sèches. Vivace ; fleurit de juin en août.

Alchimille, Pied de lion (*Alchemilla vu'garis*). Prairies humides de montagnes. Vivace; fleurit de mai en septembre.

Tormentille (*Tormentilla erecta*). Prairies humides. Vivace; fleurit de juin en août.

Famille des Polygonées.

Oseille sauvage (*Rumex acetosa*). Prairies sèches. Vivace ; fleurit de juin en septembre.

Patience crépue (*Rumex crispus*), prairies sèches; et Patience sauvage (*Rumex obtusifolius*), prairies humides. Vivaces ; fleurissent de juillet en août.

Petite oseille (*Rumex acetosella*). Prairies sèches. Vivace; fleurit de juin en septembre.

Famille des Borraginées.

Grande consoude (*Symphytum officinale*). Prairies humides. Vivace ; fleurit d'avril en juin.

Myosotis (*Myosotis palustris*). Prairies humides. Vivace ; fleurit de mai en juillet.

Vipérine commune (*Echium vulgare*). Prairies sèches et graveleuses. Vivace ; fleurit de juin en septembre.

Famille des Rubiacées.

Croisette (*Galium cruciata*).

Gaillet boréal (*G. boreale*). Prés secs.

Gaillet fangeux (*G. uliginosum*).

Gaillet des marais (*G. palustre*). Prairies humides et marécageuses. Vivaces; fleurissent de mai en juillet.

Herbe à l'esquinancie (*Asperula cynanchica*). Prés secs. Vivace ; fleurit de juin en août.

Famille des Graminées.

Roseau commun (*Arundo phragmites*). Prairies humides et marécageuses. Vivace; fleurit en août et septembre.

Famille des Légumineuses.

Arrête-bœuf, Bugrane, Onagre épineux (*Ononis spinosa*). Prairies sèches. Vivace, fleurit de juin en août. L'irrigation est le meilleur moyen de la faire disparaître.

Famille des Mousses.

Les unes croissent dans les terrains secs, les autres comme la Sphaigne des marais (*Sphagnum palustre*), dans les terrains humides et marécageux ; leur végétation est la base de la formation des tourbes. Elles disparaissent par l'assainissement, l'emploi des cendres, de la chaux, etc. Celles des terrains secs sont détruites par les engrais animaux, surtout le purin ou eau de lizée. Comme moyen mécanique on peut employer le hersage.

Famille des Primulacées.

Lysimachie commune (*Lysimachia vulgaris*). Prairies humides. Vivace; fleurit en juin et juillet.

Lysimachie nummulaire (*L. nummularia*), comme la précédente.

Primevère, Coucou (*Primula officinalis*). Prairies un peu humides. Vivace; fleurit en avril et mai.

Famille des Orchidées.

Orchis bouffon (*Orchis Morio*).

Orchis brûlé (*O. ustulata*).

Orchis à deux feuilles (*O. bifolia*).

Orchis à long éperon (*O. conopsea*).

Orchis mâle (*O. mascula*).

Orchis militaire (*O. militaris*).

Orchis vert (*O. viridis*). Prairies sèches. Vivaces ; fleurissent de mai en juillet.

Orchis à fleurs lâches (*O. laxiflora*).

Orchis à larges feuilles (*O. latifolia*).

Orchis taché (*O. maculata*). Prairies humides. Vivaces ; fleurissent de mai en juillet.

Famille des Valérianées.

Petite valériane (*Valeriana dioica*). Prairies humides. Vivace ; fleurit d'avril en juin.

Famille des Gentianées.

Chlore enfilée (*Chlora perfoliata*). Prés un peu humides. Annuelle; fleurit de juin en septembre.

Gentiane amarelle (*Gentiana amarella*). Terrains frais. Annuelle ; fleurit en août et septembre.

Gentiane à calice enflé (*G. utriculosa*). Prairies humides. Annuelle; fleurit en mai et juin.

Gentiane pneumonanthe (*G. pneumonanthe*). Prairies marécageuses. Vivace; fleurit de juin en août.

Petite centaurée (*Chironia centaurium*). Prairies sèches. Annuelle; fleurit de juillet en septembre.

Mêlées au foin en petite quantité, les gentianées, grâce à leur principe amer et stomachique, ne peuvent que le rendre salutaire.

Famille des Crucifères.

Herbe de Sainte-Barbe (*Erysimum Barbarea*). Prairies humides. Bisannuelle ; fleurit d'avril en juin.

Sisymbre des marais (*Sisymbrium palustre*). Prairies marécageuses. Bisannuelle ; fleurit de juin en septembre.

Famille des Hypéricinées.

Millepertuis perforé (*Hypericum perforatum*). Prairies sèches. Vivace ; fleurit de juin en août.

Millepertuis tétragone (*H. quadrangulare*). Prairies humides. Vivace ; fleurit en juin et juillet.

Famille des Ericacées.

Bruyère commune (*Erica vulgaris*). Lieux sablonneux et secs. Vivace ; fleurit de juin en août.

Bruyère grisâtre (*Erica Tetralix*). Terrains humides et marécageux. Vivace ; fleurit de juin en août.

Famille des Onagrariées.

Epilobe des marais (*Epilobium palustre*). Prairies tourbeuses et marécageuses. Vivace ; fleurit de mai en septembre.

Epilobe velu (*Epilobium hirsutum*). Prairies humides. Vivace ; fleurit de juin en septembre.

Famille des Lythrariées.

Salicaire commune (*Lythrum salicaria*). Prairies humides. Vivace ; fleurit de juin en septembre.

Famille des Saxifragées.

Saxifrage granulée (*Saxifraga granulata*). Prairies un peu humides des montagnes. Vivace ; fleurit en avril et mai.

Famille des Chénopodées.

Ansérine glauque (*Chenopodium glaucum*). Ansérine à graines lisses (*Ch. leiospermum*). Ansérine polysperme (*Ch. polyspermum*). Annuelles ; fleurissent de juillet en septembre. Ne se rencontrent que dans les prairies qui avoisinent les villages.

Famille des Résédacées.

Gaude (*Reseda luteola*). Prés secs. Bisannuelle ; fleurit de juin en août.

Réséda jaune (*Reseda lutea*). Prés secs. Bisannuelle ; fleurit de mai en août.

Famille des Santalacées.

Thésion à feuilles de lin (*Thesium linophyllum*). Prés secs ; fleurit de juin en août.

TROISIÈME CATÉGORIE

PLANTES NUISIBLES.

Famille des Renonculacées.

Anémone Sylvie (*Anemone nemorosa*). Prairies un peu humides, avoisinant les bois. Vivace ; fleurit de mars en mai.

Ficaire (*Ranunculus ficaria*). Prairies humides. Vivace ; fleurit en mars et avril.

Flammète (*R. flammula*). Prairies marécageuses. Vivace ; fleurit de mai en août.

Renoncule Aconit (*R. aconitifolius*). Prairies humides des vallées. Vivace ; fleurit de mai en août.

Renoncule âcre, bouton d'or (*R. acris*). Prairies un peu humides. Vivace ; fleurit de mai en août.

Renoncule bulbeuse (*R. bulbosus*). Prairies un peu sèches. Vivace ; fleurit de mai en juillet.

Renoncule rampante (*R. repens*). Prairies un peu sèches. Vivace ; fleurit de mai en septembre.

Renoncule scélérate (*R. sceleratus*). Prairies marécageuses. Annuelle ; fleurit de mai en juillet.

Renoncule tête d'or (*R. auricomus*). Prairies humides. Vivace ; fleurit de mars en mai.

Rue des prés (*Thalictrum flavum*). Prairies humides. Vivace ; fleurit en juin et juillet.

Souci des marais (*Caltha palustris*). Prairies humides. Vivace ; fleurit d'avril en juin.

Les renonculacées en général contiennent un principe âcre et caustique, et c'est à ce principe qu'elles doivent leurs propriétés nuisibles.

Famille des Ombellifères.

Berle à larges feuilles (*Sium latifolium*). Berle à feuilles étroites (*S. angustifolium*). Prairies très-humides. Vivaces ; fleurissent de juin en août.

Ciguë commune (*Cicuta virosa seu Conium maculatum*). Terrains humides et ombragés. Annuelle.

Fenouil d'eau (*Phellandrium aquaticum*). Prairies très-humides. Bisannuelle ; fleurit de juin en août.

Œnanthe fistuleuse (*Œnanthe fistulosa*). Prairies humides. Vivace, fleurit en juin et juillet. Mêmes caractères pour Œnanthe peucédane (*Œ. peucedanifolia*), et Œnanthe du Rhin (*Œ. rhenana*). Ces cinq dernières espèces surtout sont très-vénéneuses.

Famille des Colchicacées.

Colchique d'automne, veilleuse (*Colchicum autumnale*). Prairies plus ou moins humides ; fleurit en septembre et octobre.

Cette plante, trop commune dans nos prés, est surtout nuisible par ses graines, qui mûrissent à l'époque des récoltes et empoisonnent le foin. L'agriculteur ne'saurait trop lui faire la guerre. En automne, lorsque les fleurs paraissent, il faut déchirer et détruire celles-ci en y passant avec un balai d'épines, afin d'en empêcher la fécondation, et au printemps quand les feuilles poussent, on doit les extraire avec leurs bulbes.

Famille des Equisétacées.

Prêle des bois (*Equisetum sylvaticum*). Prairies humides des vallées. Vivace; fleurit en mai et juin.

Prêle des champs (*E. arvense*). Prairies un peu humides. Vivace; fleurit d'avril en juin.

Prêle des marais (*E. palustre*). Prairies humides. Vivace; fleurit de juin en août.

Les prêles sont surtout nuisibles aux vaches. On peut arriver à les faire disparaître, en employant comme engrais les excréments de porc.

Famille des Labiées.

Menthe aquatique (*Mentha aquatica*). Prairies humides. Vivace; fleurit en juillet et août.

Pouliot (*Mentha Pulegium*). Prés humides. Vivace; fleurit de juillet en septembre.

Ces plantes peuvent provoquer l'avortement chez les vaches.

Famille des Scrophularinées.

Gratiole (*Gratiola officinalis*). Prairies humides. Vivace; fleurit de juin en août. Peut causer de fortes diarrhées.

Pédiculaire des bois (*Pedicularis sylvatica*) et Pédiculaire des marais (*P. palustris*). Prairies humides. Vivace; fleurissent de mai en août. Produisent toutes deux le pissement de sang chez les bestiaux, et, si elles sont prises en grande quantité avec le foin, la mort peut s'ensuivre.

Famille des Composées.

Arnica des montagnes (*Arnica montana*). Prairies des vallées. Vivace; fleurit de juin en août.

Achillée sternutatoire (*Achillœa Ptarmica*). Prairies humides. Vivace; fleurit de juillet en septembre.

Vergerette âcre (*Erigerum acre*). Prés secs. Bisannuelle; fleurit de juin en septembre.

Famille des Violariées.

Violette de chien (*Viola canina*). Prairies plus ou moins humides; fleurit de mars en mai.

Violette hérissée (*V. hirta*). Prés secs. Vivace; fleurit de mars en mai.

Plantes émétiques, surtout leurs racines.

Famille des Polygonées.

Renouée âcre (*Polygonum hydropiper*) et Renouée persicaire (*P. persicaria*). Prairies humides, annuelles ; fleurissent de juillet en octobre.

Renouée amphibie (*P. amphibium*). Prairies basses et humides. Vivace ; fleurit en juin et juillet.

Famille des Caryophyllées.

Lin purgatif (*Linum catharticum*). Prairies sèches. Annuelle ; fleurit de mai en août.

Famille des Iridées.

Glaïeul (*Gladiolus Boucheanus*). Prairies un peu humides. Vivace ; fleurit en juin et juillet.

Iris faux-acore (*Iris pseudo-acorus*). Prairies très-humides ; fleurit en mai et juin.

Iris de Sibérie (*Iris sibirica*). Prairies humides. Vivace ; fleurit en mai et juin.

Famille des Liliacées.

Ail à angles aigus (*Allium acutangulum*). Prairies humides. Vivace ; fleurit de juillet en septembre.

Anthéric rameux (*Anthericum ramosum*). Prairies sèches. Vivace ; fleurit de juin en août.

Ornithogale jaune (*Ornithogalum luteum*). Prairies ombragées. Vivace ; fleurit en avril et mai.

Famille des Euphorbiacées.

Euphorbe des marais (*Euphorbia palustris*). Prairies marécageuses. Vivace ; fleurit de mai en juillet.

Euphorbe à verrues, Tithymale (*Euphorbia verrucosa*). Prairies sèches. Vivace ; fleurit de juin en août.

Végétaux à suc laiteux très-âcre et caustique.

Famille des Alismacées.

Plantain d'eau (*Alisma Plantago*). Prairies très-humides. Vivace ; fleurit en juillet et août. Plante âcre.

Famille des Crassulacées.

Orpin brûlant, vermiculaire (*Sedum acre*). Prés secs. Vivace ; fleurit en juin et juillet.

Orpin velu (*S. villosum*). Prairies tourbeuses. Annuel ; fleurit de mai en juillet.

Famille des Droséracées.

Parnassie des marais (*Parnassia palustris*). Prairies humides. Vivace ; fleurit de mai en septembre.

Les Rossalis (type de cette famille) tuent les brebis lorsqu'elles en mangent, et excitent les vaches au coït.

Famille des Convolvulacées.

Grande Cuscute (*Cuscuta major*). Terrains un peu humides. Annuelle ; fleurit en juillet et août. Peut nuire au bétail par ses propriétés âcres et purgatives.

9. La connaissance des végétaux des prés est pour le spécialiste d'une importance majeure, car elle dit au premier coup d'œil à celui qui la possède sur quel point doit se faire l'amélioration nécessaire dans les diverses circonstances qui se présentent. Elle lui indique s'il y a lieu, pour arriver à son but, de drainer ou d'irriguer, de défoncer et d'enlever de la terre ou au contraire d'en apporter, s'il faut du fumier et de quelle composition sera l'eau.

Enfin l'homme spécial doit connaître les principes naturels d'après lesquels les plantes prospèrent ou périclitent, pour aider les bonnes plantes dans leur développement et par contre détruire les mauvaises.

FORMATION DU GAZON.

10. **Transplantation par plaques.** — Si l'on veut convertir en prés des terres cultivées ou stériles, le plus sûr et le plus court moyen est de les recouvrir avec des plaques de gazon pris ailleurs. On se procure ce gazon sur les chemins, dans les prés et dans les forêts ; on a ainsi une prairie prête à rapporter. Sur un terrain favorable et surtout avec une irrigation convenable, les meilleures herbes et graminées prendront bientôt le dessus et assureront un meilleur rapport, quand bien même dans ce gazon il se trouverait des plantes de qualité inférieure.

Si on n'a pas assez de gazon, il faut employer la couche divisée, ce que l'on peut faire de différentes manières : soit en formant un gazon complet aussi loin que le permettent les plaques dont on dispose ; soit en les mettant en damier, de façon qu'entre quatre plaques (*a, fig.* 2) il reste un espace vide (*b*) égal à chacune d'elles, que l'on remplit avec de la terre ; soit enfin en mettant toutes les plaques séparées dans des espaces égaux.

On désigne ces deux dernières méthodes par le nom de *greffe du gazon ;* mais on n'aura un prompt résultat que sur un terrain fertile et afin d'obtenir une surface plane, on doit avoir soin de mettre assez de terre pour qu'après son tassement il ne reste aucune excavation. Répandre du gazon émietté, ou des racines de chiendent, sur un sol bien ameubli et ensuite roulé fortement, est un procédé qui revient à meilleur marché, mais dont on ne doit user que comme pis-aller.

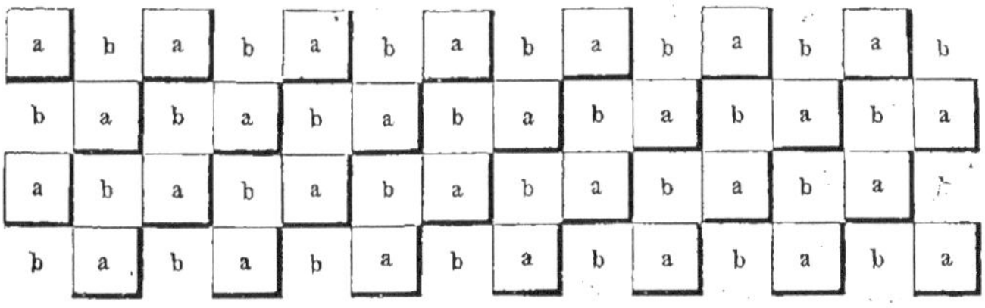

Fig. 2.

11. Ensemencement. — Si l'on manque de gazon, il faut semer; dans ce cas, l'époque de l'année et la température, ainsi que le choix et la quantité des semences, sont de la plus grande importance.

Préparation du sol. — Sur les grands espaces, elle se fait avec la charrue, la herse, la herse d'épines et le rouleau ; sur les petits avec la pioche et le râteau.

Un ameublissement suffisant et l'émiettement de la couche supérieure du sol permettent de couvrir légèrement les semences fines des plantes, et favorisent la germination et la croissance des jeunes racines par les fibres et radicules ; c'est ce qui assure une formation prompte et certaine du nouveau gazon.

Les opérations que l'on doit faire subir au terrain pour lui donner l'ameublissement nécessaire dépendent de sa nature et du temps qu'on a devant soi. Si l'on peut le cultiver avant l'hiver et en même temps donner une fumure, cette jachère d'hiver préparera très-bien une terre forte surtout à être ensemencée au printemps et rendra inutile tout autre travail.

Plus le terrain est léger, moins on doit le travailler, afin que l'humidité nécessaire à la germination de la semence ne s'évapore pas ; car il faut que le terrain reste frais. C'est par le bêchage que les terrains de ce genre sont le mieux préparés ; on va plus profondément et le mélange des couches supérieures s'opère mieux de cette manière. L'émiettement et l'aplanissement se terminent au râteau, sans que les pas de l'homme ou des animaux foulent le terrain qui est ameubli.

3

Si l'on n'aplanit pas avec soin, la formation d'un gazon égal et la récolte sont rendues plus difficiles. On ne doit rien négliger pour l'établissement d'un pré, car le résultat en sera beaucoup plus sûr et la rente plus haute.

12. *Époque de l'ensemencement.* — Les semailles peúvent avoir lieu au printemps ou à l'automne. L'ensemencement naturel coïncide avec la maturité des plantes, qui s'effectue de juin en août ; mais alors la *graine* attend pour germer l'humidité de l'automne, qui peut lui faire défaut pendant longtemps.

A des altitudes considérables et par les hivers sans neige, les jeunes plantes provenant de semis tardifs (surtout en l'absence de la protection d'une céréale ou d'une légumineuse) souffriront beaucoup, et le résultat en sera très-précaire.

Dans les lieux abrités au contraire et par des hivers doux, les semailles d'automne réussissent, particulièrement dans les terrains frais.

En général, sous le climat de l'Allemagne, la semaille de printemps doit être préférée, et exécutée d'autant plus tôt que le sol et le climat sont plus secs, afin de profiter encore de l'humidité de l'hiver.

La meilleure époque d'ensemencement se trouve au réveil de la végétation, mais elle peut être étendue jusqu'à la fin de mai dans les endroits humides ; on évite encore par là le danger des gelées tardives qui, on le sait, sont dangereuses pendant les printemps pluvieux, même pour les anciens prés, et peuvent diminuer sensiblement la récolte par le manque de feuilles radicales.

13. *Du choix et de la quantité des semences.* — On a pour but, dans les prés, de produire un mélange convenable de plantes, et non, comme dans les jardins et les prairies artificielles, une espèce particulière de graminées ou de légumineuses.

Le moyen le plus simple est l'emploi des fleurs de foin (1) ; cependant il ne s'y trouve au point convenable de maturité que les semences de peu d'espèces ; on peut toutefois les employer, quand elles sont bien nettoyées, à la quantité de trois hectolitres par hectare, en y ajoutant de bonnes graminées et des trèfles.

Le mélange des semences quant au choix et à la quantité des diverses espèces est très-difficile, car il varie beaucoup d'après le ter-

(1) Les meilleures fleurs de foin sont celles qu'on ramasse à l'endroit où viennent d'être déchargées les voitures ; on doit les préférer de beaucoup aux balayures de greniers ou autres lieux où l'on dépose les foins.   (*Note du traducteur.*)

rain, la situation, la qualité de l'eau, et une foule de circonstances, impossibles à reconnaître *à priori*, qui exigent des proportions spéciales.

Les influences naturelles font varier en peu d'années le rapport des diverses plantes entre elles : aussi les règles établies à ce sujet ne donnent-elles que des résultats très-approximatifs ; la quantité de semence à employer varie elle-même, suivant les auteurs, entre 10 et 30 kilogrammes par hectare.

On ne doit pas craindre de semer trop épais, car généralement les semences du commerce n'étant pas pures, elles ne germent pas toutes, et le gazon le plus fourni est celui qui promet le plus haut produit.

D'après Hanstein, le mètre carré de gazon contient 1,112 plantes. Cet auteur établit d'après ce chiffre un mélange de semences dont nous donnons le tableau à la page suivante, comparativement avec les indications analogues d'un autre agronome, Langenthal. Les données de Hanstein sont en nombres absolus, tandis que celles de Langenthal ne doivent être considérées que comme relatives.

Hanstein recommande avec raison le mélange de trèfle indiqué par Langenthal, avec la luzerne pour les terrains chauds et profonds, avec l'esparcette et le cumin pour les terrains calcaires. Il faut seulement se garder de mettre plus de trèfle blanc que de trèfle commun, comme c'est généralement indiqué. Pour plus de sûreté, on doit essayer la faculté germinative des graines qu'on emploie, surtout si on les a prises dans le commerce ; on peut s'en dispenser, si on les a produites soi-même.

14. *Exécution de la semaille.* — Les expériences ont prouvé qu'à une profondeur de plus de 2 centimètres la plupart des semences de graminées ne germent pas ; elles doivent par conséquent n'être recouvertes que d'une couche de terre très-légère.

Dans le cas où l'on veut cultiver une céréale protectrice, comme le sarrasin, l'avoine ou l'orge au printemps, ou bien le seigle à la fin de l'automne, on sème après l'hiver les graminées comme on sème les champs de trèfle ; il suffit ensuite de donner un coup de rouleau : sur une grande étendue de terrain, on peut aussi faire passer un troupeau de moutons, en choisissant un temps convenable.

La récolte de céréales doit être enlevée avant d'arriver à maturité ou bien être détruite par le rouleau ; elle économise la semence, et assure la formation du gazon sur un terrain qui ne peut être

TABLEAU DU MÉLANGE DES SEMENCES.

PLANTES.	D'après Hanstein.			D'après Langenthal.							
	PRÉS HUMIDES et SOL FERTILE.	PRÉS IRRIGUÉS.	TERRAIN SEC FERTILE.	TERRAINS FRAIS, PLUTÔT HUMIDES.		TERRAINS FRAIS, PLUTÔT SECS.			TERRAINS SECS, PLUTÔT ARIDES.		
				TERRE FORTE.	TERRE LÉGÈRE.	MARNE ARGILEUSE.	ARGILE SABLONNEUSE.	ARGILE.	MARNE.	SABLE.	CALCARÉO-GLAISEUX.
	kil.	kil.	kil.	kil.	kil.	kil.	kil.	kil.	kil.	kil.	kil.
Ray-grass anglais	2	5	5	1	1	»	»	»	»	»	»
Paturin commun	3	2 1/2	1	1/8	1/8	»	»	»	»	»	»
Flouve odorante	1/4	1/4	1/4	»	»	1/8	1/8	1/8	1/8	1/8	1/8
Avoine blonde	1	»	»	»	»	3	2	1	»	»	»
Thimoty	3	2	2	2	2	1/2	»	2	1/2	»	»
Dactyle pelotonné	3	4	5	2	2	1/2	1	1	2	1	1
Fétuque des prés	5	5	5	1	»	2	1	2 1/2	»	1	2
Avoine élevée	1/2	2	»	1	2	4	2	2 1/2	2	»	2
Vulpin des prés	»	3	1/2	»	2	»	»	»	»	1	2
Fiorin	5	»	1/2	»	»	»	»	»	»	»	»
Cretelle des prés	1	1/2	2	1	1	»	1	1	»	»	1
Paturin des prés	»	1	1	»	1	1/2	»	»	»	»	»
Brome velouté	»	»	1	»	»	»	»	1	»	1	1/2
Fétuque duriuscule	»	»	»	»	»	1/2	»	1/2	1	1/2	1
Brize tremblante	»	»	»	»	»	1/2	1/2	1/2	»	»	»
Fétuque roseau	»	»	»	»	»	»	1/2	»	»	1/2	1/2
Fétuque ovine	»	»	»	»	»	»	»	»	»	»	»
Fétuque rouge	»	»	»	»	2	2	1	»	3	2	»
Trèfle des prés	»	1	2	1	1	1	1	1	1	1	1
Trèfle hybride	»	»	1/2	1 1/2	1 1/2	1/2	1/2	1/2	»	»	1/2
Trèfle blanc	»	»	1/2	1/2	1/2	»	1	1/2	1/4	1/2	1/2
Luzerne lupuline	»	»	»	»	1/2	»	»	»	1/4	1/2	1/2
Totaux	22k,750	27k,250	29k,250	10k,125	10k,750	13k,125	12k,125	11k,750	10k,750	10k,750	10k,750

arrosé ou qui ne serait pas naturellement frais. Dans le cas contraire, elle est inutile et même désavantageuse en empêchant par ses chaumes la prompte et égale formation du gazon.

Un terrain bien travaillé et fumé (11) est, après un hersage, dans des conditions convenables pour être semé ; il suffit ensuite d'un bon coup de rouleau pour enterrer la semence.

Sur de petits espaces ou dans les jardins, on enterre aussi la semence au râteau, on la saupoudre de compost et on fixe le sol en le piétinant avec des planchettes. Cette dernière opération est incompatible avec un sol d'une trop grande humidité, car il se formerait une croûte.

Dans un sol argileux compacte, il est avantageux de recouvrir la semence d'une faible épaisseur de sable.

DU SOL.

15. La constitution du sol est, à cause de ses influences immédiates plus ou moins favorables, d'une importance majeure pour le développement du gazon.

On distingue la couche végétale proprement dite et le sous-sol.

C'est d'après leur formation géologique qu'on peut principalement reconnaître les terres ; elles sont de formation rocheuse ou d'alluvion, et dans ces deux cas leur constitution, tant physique que chimique, doit être prise en grande considération d'après le but qu'on se propose.

Le terrain d'alluvion est généralement le plus fertile, car la richesse d'une terre dépend toujours de la quantité de substances assimilables qu'elle contient, ainsi que de la manière dont l'air, la lumière et l'eau agissent sur elle.

Dans les prés irrigués on doit considérer avant tout la qualité de l'eau ; si elle est fertilisante, elle pourra dans beaucoup de cas changer les principes fâcheux du sol et l'améliorer. La nature du terrain a donc moins d'importance pour les prés irrigués que pour les autres prairies et pour les terres labourables. Mais si son influence peut, dans ce cas, n'être mise qu'au second plan, on n'est sûr toutefois du plus haut produit que là où les qualités du sol et de l'eau, jointes à une direction rationnelle, seront réunies.

16. **Couche supérieure du sol.** — Dans les prés, la couche supérieure du sol est fermée aux influences atmosphériques qui

ne peuvent l'ameublir comme dans les champs cultivés. Il est très-important, par conséquent, de conserver toujours la terre située immédiatement sous le gazon, car elle est enrichie par les détritus des plantes, ameublie par la végétation et fertilisée par l'eau infiltrée.

Cette terre doit donc, dans tous les remblais ou déblais, être mise de côté et replacée sous le gazon à l'achèvement du travail. Plus son épaisseur est grande, plus elle est riche en alcalis et en substances alcalines solubles, comme chaux, acide phosphorique, acide sulfurique et acide silicique, plus elle active la végétation.

17. **Sous-sol**. — Le sous-sol peut être de la même nature que la couche supérieure, ou bien tout différent. Presque toujours il est plus pauvre en substances solubles assimilables par les plantes ; on l'appelle aussi terre vierge. On ne doit donc pas le mettre en contact immédiat avec le gazon, et il faut pour cette raison le recouvrir d'une couche de terre fertile pour arriver à un bon résultat.

Le sous-sol est absorbant ou imperméable; dans ce dernier cas il repousse à la surface l'eau qui s'y trouve ou que l'irrigation y amène, ce qui ne peut être que fâcheux pour les plantes, si on ne combat cet inconvénient par le desséchement et l'ameublissement.

Il est toujours plus avantageux pour les plantes d'ameublir au moins à plusieurs centimètres de profondeur un sol dur, plombé et imperméable, avant d'y répandre la terre végétale et de la recouvrir de gazon. En l'absence de terre végétale, il faut travailler le pré en jachère, lui faire subir l'influence de la gelée, le fumer et le cultiver en plantes sarclées avant d'y mettre du gazon ou de le semer en graminées.

Dans certains cas le sous-sol est plus favorable que la couche supérieure à la production de l'herbe : lorsque par exemple celle-ci est formée de sable, tandis que l'autre est argileux, un mélange partiel des deux peut être avantageux. Si dans ce cas on agit avec précaution et qu'on n'ait pas à craindre la lévigation de l'argile au travers du sable, on peut par ce moyen produire une amélioration durable. Un sous-sol composé de terre glaise, de pierrailles ou de roches est d'un travail dispendieux; presque toujours il est trop humide et froid, ou bien trop sec et chaud.

En général pour les prés irrigués la perméabilité du sous-sol est préférable à l'imperméabilité.

18. Les sols qui se rencontrent dans les prés peuvent, malgré leur grande variété, être réunis dans les groupes suivants :

Argile ou glaise grasse (en allemand *Thonboden*). — Plus l'alumine prédomine dans ce sol, plus grande est la cohésion de ses parties ; quand il est humide, il s'attache aux instruments, ce qui rend le travail difficile. Les terrains ainsi composés sont d'après cela nommés *terres fortes*.

La difficulté de diviser une terre forte glaiseuse, de même que sa propriété de se liquéfier dans l'eau en une pâte molle qui, séchée, se durcit en formant une masse compacte et impénétrable, empêche les racines des plantes de pénétrer et de se ramifier autant qu'il conviendrait pour les besoins de la végétation.

Sur un sol de cette nature, le gazon s'enlève facilement, à moins d'une trop grande sécheresse, et la fixité du sous-sol permet l'emploi d'une charrue *ad hoc*, car une fois réglée, elle produira toujours des bandes de gazon d'égale épaisseur.

A mesure que la proportion d'alumine diminue, la terre devient moins compacte, se laisse mieux travailler et permet aux racines d'y pénétrer ; elle offre donc de meilleures conditions pour l'établissement d'un pré.

Les terres fortes demandent un desséchement énergique, mais aussi, par la sécheresse, il leur faut des arrosements fréquents, de peur qu'elles ne se fendent et ne déchirent les racines des plantes.

Les terres glaises humides deviennent froides par une irrigation trop prolongée, qui empêche alors le développement des bonnes graminées ; elles demandent donc des arrosements d'eau échauffée par l'atmosphère.

L'ensemencement de ces terres est difficile ; il faut préalablement leur donner un labour qui mélange l'ancien gazon à la couche supérieure du sol, afin d'amender et d'ameublir celui-ci.

Dans les prés aigres, cela vaut mieux que de recouvrir avec le gazon ; cependant, si l'on veut user de ce dernier moyen, on ne doit pas attendre que le sol soit desséché.

De grands travaux de nivellement dans ces terrains sont toujours difficiles et coûteux ; on ne doit en faire qu'exceptionnellement, car si la constitution chimique de ces sols est favorable, leur constitution physique balancera généralement cet avantage.

19. *Terrain sablonneux.* — Ce terrain est l'opposé du précédent ; il est léger, facile à travailler, perméable, se réchauffe promptement et complétement, et laisse aux plantes le passage de leurs

racines ; pour ces différentes causes, c'est un des meilleurs terrains pour les prés irrigués, à moins d'une perméabilité excessive.

Sa composition varie depuis les sables quartzeux et graveleux qui sont mouvants et stériles, où aucun fossé ou rigole ne se maintient, jusqu'aux sables feldspathiques et micacés qui sont excessivement fertiles ; mais c'est dans les terres sablo-argileuses qu'on trouve les meilleures conditions pour un pré. La constitution chimique et physique du sable gagne par son mélange à l'argile ; il devient plus riche en cendres et acquiert plus de cohésion, ce qui le préserve du desséchement.

Sous ce rapport il est aussi très-important de savoir si le sous-sol est également sablonneux ou bien imperméable.

Le sable pur ne vaut rien pour l'ensemencement de l'herbe ; il faut toujours le recouvrir de gazon : ce n'est que par ce moyen qu'il devient susceptible d'être arrosé.

Avec de l'eau de bonne qualité et en quantité suffisante, les sols sablonneux donnent un produit élevé.

20. *Terre franche* : argile ou glaise maigre, dépôt marno-sableux (en allemand *Lehmboden*). — Ce terrain se trouve placé, par sa constitution, entre l'argile et le sable ; il possède à un degré élevé les qualités inhérentes aux deux sans en avoir les inconvénients. Il convient donc particulièrement aux prés et garantit un produit rémunérateur.

Les terres franches se classent en une foule de variétés, dont les points extrêmes sont l'argile et le sable.

21. *Terres calcaires et marneuses.* — Un sol principalement calcaire ne convient pas pour l'établissement des prairies à cause de son échauffement trop facile et, par suite, de son desséchement excessif. Mais plus une terre calcaire contiendra d'argile et sera par conséquent marneuse, plus elle sera favorable aux prés.

Une marne calcaire ne convient pas pour l'ensemencement, car elle manque de la fraîcheur nécessaire, et une irrigation prolongée provoque son délayement, suivi de la formation d'une croûte ; il est donc préférable de la recouvrir de gazon.

L'assainissement et l'arrosage des marnes du calcaire conchylien (*Muschelkalk*) et des marnes irisées (*Keuper*), y développent la végétation des meilleures graminées. Le travail du sol, qui dans la marne argileuse est difficile, est facile dans la marne argilo-sableuse.

22. *Terrains tourbeux, uligineux et marécageux.* — Ces terrains sont produits par des plantes marécageuses, telles que mousses,

cypéracées et joncées, qui se développent à l'excès dans de l'eau stagnante ou n'ayant qu'un cours très-lent, y périssent et s'y décomposent en se recouvrant tous les printemps de la même végétation.

Par la suite des siècles, il se forme des couches plus ou moins épaisses de matières principalement organiques, dans lesquelles les substances minérales des plantes sont en très-faible quantité. Les bonnes graminées n'y peuvent prospérer qu'après un desséchement complet, qui détruise les causes de la formation de la tourbe et permette à l'air et à la chaleur d'y pénétrer. On écarte ainsi les acides de la tourbe (acide ulmique et ses composés), et si, par l'adjonction de terre végétale ou de compost et par l'irrigation avec de l'eau fertilisante, on y amène les substances minérales et l'humidité nécessaires, la végétation des marais est remplacée par celle des bonnes prairies.

Les terres uligineuses ont été généralement précédées par de la tourbe qui, ayant subi une décomposition et perdu une partie de ses acides, est relativement plus riche en matières minérales. Le desséchement amène nécessairement cette transition ; mais il ne doit pas être pratiqué au point d'écarter complétement toute humidité, car la végétation cesserait. La culture transforme les terrains uligineux en une terre pulvérulente que le vent entraîne, tandis que la véritable tourbe est compacte et permet l'établissement de fossés à berges verticales. Le traitement de ces terrains comprend un desséchement mesuré, et surtout une fumure convenable. Les mouvements de terre y sont d'une exécution facile.

DES ENGRAIS.

23. On emploie pour fumer les prés : les fumiers d'origine organique, dans lesquels on retrouve tous les éléments des végétaux et des animaux ; les amendements minéraux, sels, alcalis, appelés stimulants ; des composts formés d'engrais organiques et minéraux, ou bien encore un engrais liquide, particulièrement l'eau, que l'on mélange aussi à du purin.

Engrais artificiels. — Moins on emploie le fumier de ferme sur les prés sans que leur produit en souffre, plus les prairies contribuent à la fertilité des terres cultivées ; les prés sont alors indépendants de la culture des champs.

Cette indépendance de la production naturelle de l'herbe et de son augmentation doit être le but des efforts de tout cultivateur, et la fumure des prés doit être réglée d'après le rapport si variable qui existe entre les terres et les prés, quant à leur étendue et à leurs qualités, pour une même exploitation.

Le paragraphe 2 de l'Introduction indique les substances que chaque récolte enlève aux prés et qui doivent leur être rendues. Il faut bien distinguer les substances minérales qu'en dehors des engrais le sol seul peut fournir, de celles qui, comme le carbone et l'azote, sont tirées de l'air par les plantes sous forme d'acide carbonique et d'ammoniaque.

L'azote se rencontre aussi sous la forme d'acide azotique, et le carbone sous celle d'acide carbonique, libres ou combinés à diverses bases dans la terre et dans l'eau ; ils y sont continuellement mis en liberté par la décomposition des plantes et des substances animales.

Des expériences ont cependant démontré qu'un amendement d'ammoniaque et d'azotates, répandu au printemps, active la germination et le développement des plantes en leur permettant de s'assimiler l'acide carbonique de l'air, de l'eau et des substances minérales du sol.

En calculant les quantités d'azote et de cendres produites annuellement par un pré donnant 20 quintaux de foin et 10 de regain, on trouve à peu près :

Dans le foin......	104 kil. de protéine,	72 kil. de cendres
Dans le regain....	65 —	50 —
En somme........	169 —	122 —

La richesse en azote des substances protéiques est ordinairement 15,7 pour 100, et par conséquent il y a :

Dans le foin............	16,38 kil. d'azote.
Dans le regain..........	10,20 —
En somme..........	26,53 —

qui sont tirés par les plantes, de l'air, de l'eau et du sol.

Dans les cendres de la récolte citée, on trouve les éléments suivants, que les plantes ont tirés exclusivement du sol :

	Chlore.	Potasse.	Soude.	Chaux.	Magnésie.	Acide phospho-rique.	Acide sulfurique.	Acide silicique
Dans le foin et le regain :	7,95	25,5	6,9	11,55	4,95	6,15	5,13	29,55

24. Les substances les plus importantes sont la potasse et la soude (32,4) et l'acide phosphorique (6,15) ; ce sont celles, et particulièrement la dernière, dont le sol est le plus vite épuisé. Les autres éléments sont relativement plus abondants et plus faciles à remplacer.

Nous ferons ici la remarque que les substances composantes des diverses natures de foin et de regain sont très-variables, et que les nombres ci-dessus ne doivent pas même être pris comme moyennes ; ils montrent seulement ce qu'il faut rendre au sol et par quel moyen.

La potasse peut être restituée avantageusement au sol par les sels de potasse de Stassfurth (1) et sous forme de sulfate de potasse ; pour lui rendre l'azote, on peut ajouter une certaine quantité de guano du Pérou.

L'acide phosphorique se trouve sous une forme facilement soluble dans le superphosphate dit guano de Baker, et dans le superphosphate ordinaire provenant d'os pulvérisés, qui contient de 30 à 45 p. 100 de phosphate de chaux. Les phosphates fossiles sont aussi riches et plus économiques ; leur emploi convient particulièrement aux terrains pauvres en principes calcaires.

Les autres substances font rarement défaut dans le sol.

Il est très-difficile de répartir également en petite quantité ces engrais sur l'étendue d'un hectare, de façon à ce que chaque plante en ait sa part ; de plus, par la sécheresse, il en reste une certaine partie qui ne produit pas d'effet, aucune humidité ne venant la dissoudre.

Malgré cela, de très-petites quantités de potasse ou d'acide phosphorique produisent quelquefois sur les prés un effet surprenant, surtout quand les autres principes, tels qu'acide silicique, magnésie et composés de chlore, s'y trouvent déjà ; mais qu'un des principes nécessaires à certaines récoltes vienne à manquer, les autres, même en surabondance, restent sans effet, et la production, citée plus haut, d'une récolte moyenne sur un bon pré irrigué est impossible.

(1) Il existe à Stassfurth (Prusse) des gisements de sels de potasse, de soude et de magnésie. Les sels potassiques (en allemand *Abraumsalz* ou *Kalisalz*) constituent les couches supérieures du gisement.

Les déchets de sels de Stassfurth sont utilisés comme engrais. On peut se procurer à très-bas prix, à la fabrique de potasse du docteur Frank, des engrais potassiques de Stassfurth. Une décision ministérielle permet l'importation de ces produits en franchise. Cette décision s'applique à tous les engrais de même provenance et de même nature, qui désormais pourront entrer en France sans avoir à payer aucun droit.

(*Annales du Génie civil.* — Juillet 1866.)

On doit donc éviter de fumer continuellement les prés avec certains des principes soustraits seulement ; il faut employer, pour être plus sûr de rendre au sol ce qui lui a été pris, des mélanges de ces sels avec du compost ou autres substances, telles que sciure et cendres de bois ou divers détritus.

25. Un engrais riche en éléments composants des plantes est la cendre de bois, surtout celle du bois de hêtre, qui contient pour 100 :

Potasse..........	11,81 à 13,17	Acide phosphorique.	6,05 à 10,29
Chaux..........	37,86 à 39,78	Magnésie..........	9,05 à 13,04
Soude..........	1,68 à 3,04	Acide silicique.....	5,53 à 8,25

Le rapport de l'acide phosphorique à la potasse et à la chaux, dans la récolte indiquée au paragraphe 23, est :: 1 : 2,83 : 2,31, tandis que, dans la cendre de bois, il est environ :: 1 : 1,53 : 9,5. Une fumure de cendres contient donc relativement trop peu de potasse et trop de chaux pour être appliquée aux prés. On voit par cette raison les trèfles et autres légumineuses pousser avec vigueur après une forte fumure de cendres riches en principes calcaires.

Les graminées devant être en grande majorité dans les bons prés, la cendre de bois ne peut y être employée qu'après avoir été arrosée d'urine et s'être combinée avec elle ; on ne doit aussi la répandre qu'après le commencement de la végétation, comme on le pratique dans le pays de Siegen.

Les cendres de tourbe, d'anthracite et de houille sont d'une très-faible valeur ; cependant, mêlées aux matières fécales et aux excréments des animaux, elles sont d'un emploi avantageux pour la fabrication des composts.

26. **Composts**. — Les composts pour les prés sont principalement formés de poussières ou menues pailles provenant des granges et contenant des semences de mauvaises herbes, auxquelles sont mélangés des détritus d'animaux morts et de la chaux qui, employés seuls et à haute dose, seraient nuisibles. De plus la marne, les décombres, les gazons, la boue des chemins, la terre fertilisante du curage des rigoles et des fossés étant bien mélangés à des couches minces de fumier de cheval et de porc, et arrosés de purin, forment un bon compost.

Ces mélanges ne doivent être employés qu'après complète maturité, quand on n'y voit plus aucune particule de terre pure ou de fumier, que tout est converti en une masse homogène noirâtre et friable, ce qui du reste demande toujours au moins l'espace d'une année. Cette conversion s'opère en tas hauts de 3 à 4 mètres que l'on travaille avec soin, et le résultat est surtout frappant pour des prés tourbeux desséchés et semés en trèfle au printemps (1).

27. Le fumier d'étable ne s'emploie seul que pour des cas exceptionnels et dans une certaine mesure. La préparation des composts est un moyen pratique de n'employer à la production de l'herbe qu'une faible partie du fumier de la ferme et d'enrichir le sol arable par la plus-value des prés.

Le parcage des moutons sur les prés assez secs pour le permettre produit une fumure directe très-efficace et relativement beaucoup moins chère que la préparation d'un compost.

Le rouissage du chanvre et du lin sert aussi d'engrais pour les prés sur lesquels il est pratiqué, de même que les fanes de pommes de terre répandues à l'automne (2). Tous les composés azotés solubles, ainsi que les sels que renferment ces matières, sont lavés par la pluie et passent dans le sol.

28. **Des terres répandues sur les prés.** — Cette opération a d'autant plus d'efficacité que la terre est plus fertile et le pré plus mauvais. Quand la couche n'est pas trop épaisse, les herbes la traversent bientôt et y forment un nouveau réseau de racines.

Dans les prés tourbeux, une simple couche de sable, mais mieux encore de la terre forte ou de la marne, agissent chimiquement en fournissant les substances minérales qui manquent à la tourbe, et physiquement par un tassement de ce sol trop poreux.

Une condition péremptoire du bon effet de tout amendement sur un pré humide est d'abord son dessèchement rationnel.

29. **Engrais liquides.** — L'eau est l'engrais le meilleur et le moins cher pour les prés.

L'eau pure est une combinaison chimique de l'oxygène et de l'hydrogène.

Dans la nature, elle est plus ou moins altérée par des principes qui s'y trouvent en dissolution, c'est-à-dire changés en un liquide de même nature qu'eux, ou en suspension, c'est-à-dire nageant simplement comme substances solides.

De l'eau très-impure est colorée et trouble, et dépose par le repos de la boue ou du limon, auquel sont mêlées mécaniquement

(1) C'est le résultat d'expériences faites pendant plusieurs années, sur de grandes étendues de prés, par M. de Saint-Paul, sous-préfet à Zinten, dans la Prusse Orientale. (*Note de l'auteur.*)
(2) Leurs cendres fraîches contiennent 30 p. 100 de sels alcalins. (*Note de l'auteur.*)

de très-petites particules animales, végétales ou minérales. Toutes les substances minérales des plantes sont contenues dans cette boue en bien plus grande quantité que dans la terre arable ; les boues du Rhin, de la Vistule et du Nil contiennent de 1 à 1,4 p. 100 de potasse ; la proportion d'acide phosphorique peut aller jusqu'à 0,4 et celle d'acide silicique jusqu'à 55 et 66 p. 100. La quantité de limon que les grands fleuves transportent annuellement à la mer se monte à des millions de mètres cubes, et même, de l'eau qui semble privée de substances en suspension contient encore de la boue qu'elle dépose en courant entre les herbes, rendant ainsi à la terre ce que la récolte lui avait enlevé.

Les substances solubles sont intimement unies à l'eau ; elles ne s'en séparent que par décomposition ou par évaporation ; elles sont de nature très-diverse suivant les eaux, mais toujours en très-petite quantité. Outre l'acide carbonique et l'ammoniaque, on trouve dans l'eau du chlorure de sodium ou sel marin, de la magnésie, de la chaux, de la potasse, de la soude, de l'acide sulfurique, de l'acide phosphorique, du nitrate de potasse ou salpêtre, et du chlore libre ou combiné à des sels.

L'eau est douce quand elle contient très-peu de substances étrangères, et dure ou crue quand elle en contient beaucoup. On peut juger de sa pureté d'après le précipité qu'elle produit quand on la mélange avec une dissolution de savon dans de l'alcool.

L'eau de pluie est celle que la nature fournit dans le plus grand état de pureté ; l'eau de source vient après et ensuite les eaux d'étangs, de rivières et de fleuves qui contiennent la plus grande quantité de substances étrangères dissoutes ou en suspension.

30. *Eau de source.* — Une partie de l'eau fournie par la pluie et la neige tombées sur la terre s'évapore ; le reste pénètre dans le sol, s'y rassemble dans des réservoirs et apparaît par les sources.

L'acide carbonique et l'ammoniaque de l'air que l'eau entraîne favorisent sa combinaison avec les différents sels qu'elle rencontre sous terre dans les couches qu'elle traverse.

En général, l'eau de source est pauvre en matières solubles et par conséquent de peu de valeur comme engrais. Sa température uniforme, qui en hiver est plus élevée que celle de l'atmosphère, est la cause principale de ses bons effets.

Pour ces différentes raisons, l'eau de source ne devrait être employée qu'avec une grande prudence pour l'arrosage des prés froids, humides, argileux ou tourbeux ; au contraire, sur des prés chauds, secs, sablonneux, calcaires, et sur des terres franches situées à de bonnes expositions, elle peut produire d'excellents effets.

On accorde très-souvent aux sources qui se trouvent dans les prés une importance beaucoup plus grande que leur richesse en substances minérales ne le motive.

L'eau de source contient fréquemment des sels solubles de fer, ou bien elle est colorée par de l'acide ulmique ; dans ce cas elle est nuisible aux plantes, à moins que ces substances n'aient été oxydées par l'air, ce qui a lieu par l'échauffement au soleil et l'écoulement en couches minces sur des digues ou des cailloux.

31. *Eau des cours d'eau.* — Cette eau a d'autant plus d'importance et de valeur pour l'irrigation que son cours est plus étendu et que les contrées où elle passe sont plus fertiles, les villes et les villages plus populeux ; elle agit surtout par le purin et les immondices qu'elle contient.

L'eau qui traverse des terrains sablonneux, des tourbes ou des bois marécageux a peu de valeur ; elle peut même être nuisible quand elle charrie du sable, des bocards ou des boues de lavages de minerais de fer.

Dans les crues du printemps et de l'automne, à la suite de la fonte des neiges et des grandes pluies, les cours d'eau reçoivent beaucoup de limon, qui convient particulièrement aux prés tourbeux et à ceux qu'une addition de terre peut améliorer. Plus un cours d'eau est rapide, moins les substances en suspension y sont abondantes. L'acide carbonique y est aussi en quantité beaucoup moindre que dans l'eau des sources, et les sels qui y sont dissous se déposent pendant son trajet.

La température des cours d'eau se rapproche beaucoup de celle de l'air ; elle est donc en général plus élevée en été que celle des sources.

Les nombres suivants indiquent les substances solubles contenues dans divers cours d'eau venant des montagnes (1).

Pour 1,000 parties d'eau, on a :

	RÉSIDUS solides.	SUBSTANCES minérales.
Rivière de Isar............	0,22542	0,18580
Rivière de Regen.........	0,0813	0,0478
Lac de Rechel.........	0,0699	0,0258

(1) V. Liebig, *Die Naturgesetze des Feldbaues*, p. 392.

	COMPOSITION CENTÉSIMALE des RÉSIDUS SOLIDES.		
	ISAR.	REGEN.	LAC DE RECHEL.
Chlorure de sodium........	0,723	3,67	2,14
Chlorure de potassium.....	1,832	7,13	8,73
Potasse..................	2,524	11,80	17,59
Chaux...................	34,737	18,94	1,43
Magnésie................	6,982	3,19	—
Alumine, etc.............			
Sable insoluble...........	0,133	2,21	1,72
Sesquioxyde de fer........	12,368	1,10	1,72
Acide sulfurique..........	0,115	2,46	—
Acide phosphorique.......	1,029	Traces.	Traces.
Acide silicique...........	21,981	8,90	3,58
Substances organiques.....	17,576	41,20	63,09
TOTAUX..............	100,000	100,00	100,00

La quantité des sels contenus dans le tableau ci-dessus est infiniment petite par rapport aux sels contenus dans une récolte normale ; par conséquent le limon est d'une importance beaucoup plus grande pour l'irrigation des prés et doit être considéré comme la source principale d'engrais.

32. *Eau de réservoirs.* — Beaucoup de prés ne peuvent être irrigués régulièrement que par les eaux de pluie venant de champs cultivés, et par de l'eau de sources ou de petits ruisseaux, que l'on amasse pendant toute l'année dans des réservoirs et des étangs.

Cette eau dépose la plus grande partie de ses substances sous forme de vase, et s'échauffe notablement pendant l'été, ce qui la rend très-propre à l'irrigation des prés froids, argileux ou tourbeux.

Quand les réservoirs sont à proximité de fermes ou de villages dont ils peuvent recevoir les purins, leur eau s'enrichit de sels solubles indispensables aux plantes, et facilite ainsi l'établissement de prés sur lesquels on ne fait pas de foin, mais qui donnent trois à quatre coupes de fourrage vert.

ACTION DE L'EAU SUR LE SOL.

33. Des expériences récentes (1) ont prouvé que le sol possède la faculté importante de trouver dans l'eau l'agent d'assimilation des gaz et des substances dissoutes destinés à la nutrition des plantes, et de les retenir avec une force telle que des lavages répétés ne peuvent les en retirer. S'il ne possédait cette faculté, une forte pluie ou une irrigation prolongée auraient pour effet, particulièrement sur des terres perméables, d'enlever la plus grande partie de la nourriture des plantes qui est apportée par les engrais et mise en liberté par leur décomposition ; l'amélioration du sol par des substances solubles serait donc impossible.

Le drainage ne serait aussi sans cela qu'un moyen prompt et violent de stériliser le sol.

La faculté qu'a le sol d'absorber et de retenir des sels solubles et des gaz n'appartient pas à toutes les natures de terrains ; le sable, en effet, ne la possède que très-peu ou même pas du tout, tandis qu'elle augmente avec la proportion d'argile accompagnée de sels calcaires et d'oxydes de fer.

Des expériences ont prouvé que l'absorption a lieu par des causes chimiques et surtout par des causes mécaniques.

Les premières agissent par échange d'acides et de bases, les secondes par une attraction moléculaire semblable à l'effet produit par la filtration de l'eau trouble sur du charbon pulvérisé, qui par sa nature poreuse absorbe et retient les impuretés de l'eau ; de même les molécules terreuses absorbent les sels et les gaz dissous dans l'eau.

Les plantes doivent donc posséder la faculté de s'assimiler les substances minérales que le sol a enlevées à l'eau, sans quoi l'on ne peut se rendre compte de leur croissance. Une explication complétement satisfaisante de ce phénomène nous manque jusqu'à présent.

34. La faculté plus ou moins grande du sol d'absorber et de retenir l'eau joue évidemment un grand rôle dans les effets de l'irrigation. Dans la conduite de l'eau par des canaux longs et profonds, son contact prolongé avec les berges imprègne celles-ci jusqu'à saturation des sels qu'elle contient ; telle est la cause de la crois-

(1) V. Liebig, *Die Naturgesetze des Feldbaues*, p. 65 et suiv.

4

sance exubérante des herbes qui les garnissent et de la richesse
végétative de la terre qu'on en tire. Cette terre, outre les substances
minérales, contient des engrais vaseux plus fertilisants encore. Si
un pré a de nombreux canaux ou rigoles, les substances nutritives
soustraites à la végétation par l'absorption sur les berges sont dans
la même proportion que le nombre des artères de distribution, et
les substances nutritives ne sont restituées qu'imparfaitement par
le curage.

La réduction en largeur et en profondeur des fossés devrait être
la conséquence de ce que ce ne sont pas les sels en dissolution
dans l'eau qui ont l'action prépondérante sur les prés irrigués.
Les particules terreuses et les substances organiques ont une bien
plus grande importance par leur dépôt sur les prés sous forme
de limon.

35. Plus la masse d'eau qui s'écoule par un canal sera considérable, plus les substances solubles arriveront en grande quantité
sur le pré, après avoir toutefois saturé les berges.

A la surface du pré même, ces phénomènes d'absorption se produisent d'autant plus activement que la couche d'eau est plus mince
et surtout qu'elle est en contact avec des milliers de plantes. Des
expériences ont montré que les plantes possèdent la faculté de pomper par leurs feuilles, avec une grande rapidité, le gaz acide carbonique et le gaz ammoniaque contenus dans l'eau. Le limon se
dépose en même temps, et nous trouvons là l'explication de la végétation luxuriante des endroits qui reçoivent l'eau immédiatement
des canaux, et du décroissement de cette même végétation en raison
directe de la distance que l'eau a parcourue sur le pré.

Par ces causes, il est avantageux de ne pas trop écarter les rigoles
de distribution (4 à 7 mètres). Après avoir arrosé une planche,
l'eau est cependant encore bonne pour une suivante, pourvu
qu'elle soit rassemblée dans une rigole et conduite un peu plus
loin. Son efficacité redevient à peu près la même tant par l'absorption des gaz de l'air que par le lavage et l'entraînement du limon
déposé au fond et sur les bords des rigoles, et l'eau, après avoir
absorbé les sels solubles, les rend aux prés avec les substances minérales qui lui sont propres.

On prétend aussi que, dans son action sur l'herbe, l'eau peut
dissoudre ou entraîner mécaniquement des substances dangereuses
pour les plantes, qui ne se déposent que dans l'eau en repos ; par
exemple, les terres contenant du fer doivent être pour ainsi dire

lavées avant de pouvoir produire de bonnes herbes, ce qui souvent demande des années et de grandes quantités d'eau.

Il est évident que, d'après les diverses natures de terrain et d'eau, les effets de l'irrigation varient sensiblement.

APPRÉCIATION DE LA QUALITÉ DE L'EAU.

36. Le meilleur guide est ici l'expérience. Il est facile d'arroser comme essai quelques mètres carrés et d'observer les parties inondées de la prairie, et cette épreuve doit, en règle générale, être faite avant de procéder à de plus grands travaux.

Les conséquences que l'on pourrait tirer de la coloration du limon seraient souvent fort trompeuses, la présence de sels de fer en grande quantité se reconnaissant seule, comme par exemple les carbonates de fer et de manganèse, par les couleurs irisées qui se produisent à la surface des rigoles ayant peu d'écoulement, et qui dénoncent la présence de principes nuisibles aux bonnes herbes. Quant au limon jaune d'ocre qui nage au fond des mêmes rigoles, il est moins fâcheux, étant un oxyde de fer hydraté insoluble dans l'eau.

L'action de l'oxygène de l'air transforme les sels solubles de protoxyde de fer en sels de peroxyde de fer insolubles : aussi l'agitation de l'eau en passant sur des digues, des cailloux ou des branchages, son échauffement dans des étangs ou de grands canaux, l'améliorent-ils sensiblement. De la chaux vive provoque sur le fer contenu dans l'eau un précipité insoluble ; des animaux morts ou des substances organiques que l'on enferme dans des caisses à claire-voie sur le parcours de l'eau, contribuent encore directement et indirectement à son amélioration.

37. Un autre moyen de juger de la qualité de l'eau, c'est d'observer la végétation le long des fossés et cours d'eau. Les bonnes graminées, les lentilles d'eau, le cresson de fontaine, la véronique aquatique, le calamus, etc., indiquent de l'eau de bonne qualité, tandis que les roseaux, joncs, menthe aquatique, renoncule d'eau, cypéracées et mousses annoncent une eau moins fertilisante.

DE L'ACTION DE L'EAU SUR LES PLANTES DES PRÉS.

38. L'action de l'eau sur la végétation des prés repose :
1° sur sa constitution chimique ;
2° sur ses propriétés physiques.

L'eau est formée, en poids, de :

$$88,889 \quad \text{d'oxygène}$$
$$11,111 \quad \text{d'hydrogène.}$$

Ces deux gaz se trouvent, comme éléments constitutifs princi-paux, dans toutes les plantes ; il y a en outre dans l'herbe de 60 à 75 p. 100 d'eau, et l'herbe ne peut se développer avec vigueur sans la présence de l'eau, que celle-ci soit amenée naturellement par l'atmosphère (sous forme de vapeur, de pluie, de neige, de rosée ou de gelée blanche) ou qu'on l'apporte par l'irrigation. Au point de vue physique, l'eau est le dissolvant général des sub-stances organiques et minérales qui servent à la nutrition des plantes et des animaux ; elle est le véhicule mécanique par lequel des corps très-divers peuvent amener au loin la fécondité, et aussi la stérilité, quand des couches de gravier et de sable viennent cou-vrir des bords autrefois riants et fertiles.

L'eau, étant un mauvais conducteur de la chaleur, n'atteint que difficilement la température de l'air, mais aussi elle la conserve d'autant plus longtemps ; cette faculté judicieusement employée est d'un grand secours pour l'irrigation. De plus, l'eau étant un bon conducteur de l'électricité, et des courants électriques se formant continuellement dans la végétation des plantes, cette faculté est aussi très-avantageuse à la croissance de l'herbe.

39. Les propriétés physiques et chimiques de l'eau agissent selon les circonstances en bien ou en mal sur les gazons ; en bien en les fumant et en contribuant à leur végétation, en mal en les détruisant et en empêchant leur développement.

Action fertilisante de l'eau. — Elle repose sur ce que l'eau apporte ses éléments hydrogène et oxygène, les autres gaz et les sels qu'elle tient en dissolution, l'humidité nécessaire à la végéta-tion des plantes, et enfin des substances qu'elle dépose sur les prés sous forme de limon et qui deviennent, par suite de leur décom-position, la véritable nourriture des plantes.

Action conservatrice. — Elle se manifeste par sa force dissol-vante et sa faculté de pomper les gaz de l'air, et aussi les sels du sol, en lui en rendant ainsi qu'aux plantes. Les terrains tourbeux sont ainsi lavés des acides ulmiques, des sels de fer et de manga-nèse, et le sol est désoxydé [35]. Étant un mauvais conducteur de la chaleur, l'eau est destinée à garantir les jeunes plantes des gelées du printemps et aussi, après la mauvaise influence de ces dernières, à amener une transition insensible du froid de la nuit à la chaleur du jour.

L'eau qui coule la nuit sur les prés conserve une température plus élevée que celle de l'air, refroidi souvent au-dessous de zéro pendant les nuits claires, et empêche ainsi le rayonnement de la chaleur du sol.

Si la gelée a atteint les jeunes pousses d'herbe, l'action du soleil les fait aussitôt noircir et périr par suite du changement rapide de température. Une simple irrigation le matin empêche cette mauvaise influence, l'eau modérant la chaleur du soleil et lavant en même temps la gelée blanche fixée sur l'herbe.

40. Dans les années sèches et chaudes, l'eau est toujours plus froide que l'air, pendant le jour ; son évaporation est active, le sol est fortement échauffé et les prés souffrent de la sécheresse. Une irrigation souvent répétée est donc indiquée naturellement, elle a la plus grande utilité, et l'excès même est rarement nuisible.

Par les étés frais et humides, l'eau et le sol sont à une basse température ; l'air est saturé d'humidité, l'évaporation est lente, et même les prés secs ont une herbe fraîche. Dans ce cas, l'irrigation est plutôt fâcheuse qu'utile, elle augmente sans nécessité l'humidité du sol, et le refroidit en empêchant l'action de l'air chaud ; car l'eau absorbe pour passer à l'état de vapeur une quantité considérable de calorique qu'elle rend latent, et toute la chaleur que l'évaporation enlève ainsi est perdue pour la végétation.

Par ces causes, les eaux de neige sont plus souvent fâcheuses qu'utiles pour l'irrigation au printemps ; elles refroidissent le sol et retardent le développement de la végétation.

41. **Action destructive de l'eau.** — L'action destructive de l'eau peut s'exercer aussi bien sur les bonnes que sur les mauvaises plantes des prés.

Les herbes douces ne peuvent croître dans un sol trop humide ou marécageux, et toute irrigation qui dépasse les limites d'une fraîcheur convenable est destructive.

L'emploi bien mesuré de l'eau produit de bonnes herbes ; son abus au contraire favorise la croissance des scirpes et des joncs. Un pré qui n'a jamais été irrigué présente une autre proportion des plantes entre elles qu'après son traitement rationnel [13].

Les différentes sortes de plantes ont besoin d'humidité à divers degrés ; d'un autre côté, les eaux de nature et de composition diverses produisent aussi différents gazons. Les bruyères, la mousse et d'autres plantes nuisibles des prés secs disparaissent par un emploi raisonné de l'eau, surtout par l'irrigation hivernale, et laissent la place à l'herbe de bonne qualité ; le lavage des terrains tourbeux par l'irrigation fait noircir et périr les herbes aigres et la mousse des marais. Une couche de glace formée exprès sur les mauvais prés accélère ce résultat, et les bonnes herbes poussent ensuite naturellement aux endroits dénudés.

Les taupes, fourmis et souris sont chassées ou détruites par l'irrigation.

PRATIQUE DES IRRIGATIONS.

42. Nous ne pouvons donner à ce sujet que des principes généraux, attendu que les particularités relatives au climat, à la situation, au sol et à l'époque de l'opération, dépendent surtout des conditions atmosphériques de chaque année.

Irrigation d'automne. — Une erreur très-répandue consiste à exécuter la principale irrigation au printemps. Elle doit au contraire avoir lieu en octobre et même en novembre, pendant que la végétation est arrêtée et qu'une irrigation puissante et améliorante est d'autant plus facile que les grandes eaux de cette époque charrient des matières fertilisantes provenant des champs ou des chemins.

Des prés aplanis avec soin ne doivent cependant être irrigués qu'avec prudence au moyen de l'eau trouble, parce que cette eau change le relief du sol trop promptement. On doit attendre qu'elle se soit éclaircie, et irriguer d'une manière continue pendant tout le mois d'octobre et même en novembre, tant que l'arrivée de l'hiver ne fait pas craindre la formation de la glace sur le pré. Vers la fin de l'irrigation automnale seulement, on doit arroser périodiquement, c'est-à-dire interrompre de temps en temps pendant quelques jours et avoir soin qu'à l'arrivée de la neige ou des froids le pré soit à sec. Dans le cas où on serait surpris par des froids prématurés, il faut continuer l'irrigation jusqu'au premier dégel, afin que les couches de glace qui se seraient formées sur le pré ne s'y fixent pas en étouffant l'herbe ; l'eau coulant alors entre le sol et la glace brise celle-ci et l'empêche d'intercepter l'air.

Un arrosement tardif et continu ne peut être nuisible qu'aux prés tourbeux et marécageux, tandis qu'un arrosement d'automne énergique et bien réussi est la meilleure garantie pour la récolte de l'année suivante.

Irrigation d'hiver. — Pendant l'hiver, on ne doit irriguer les bons prés d'une manière suivie que dans les climats chauds, comme la Lombardie, le sud de la France ou en Allemagne dans des conditions exceptionnelles de température; il faut excepter le cas où l'on ne veut faire usage que de l'action destructive de l'eau [41].

43. **Irrigation de printemps**. — L'arrivée du printemps et le développement de la végétation engagent souvent à commencer de bonne heure l'arrosage des prés. Cette pratique est incontestablement nuisible pour les prés établis suivant les règles de l'art, tant que les couches inférieures du sol sont encore gelées; sur les prairies ordinaires, au contraire, elle accélère le départ de la neige et de la glace.

Une irrigation puissante et chargée d'engrais peut devenir au printemps facilement nuisible ; car, comme elle doit être exécutée continuellement pendant une semaine, elle arrête la croissance de l'herbe, l'eau étant presque toujours à cette époque à une température plus basse que celle de l'air.

Il suffit donc, pendant les mois de mars, d'avril et de mai, d'arrosages de vingt-quatre à quarante-huit heures, répétés à plusieurs jours d'intervalle, car l'eau ne doit agir à cette époque que par ses facultés conservatrices et dissolvantes [39].

On doit régler l'arrosage d'après les conditions atmosphériques. Dans l'appréhension de gelées blanches, il faut donner l'eau le soir, et la retirer le matin et, en général, ne jamais choisir d'autres heures pour ces opérations.

On doit irriguer pendant les jours froids et par un ciel couvert, lorsque l'air est plus froid que l'eau, et mettre à sec par le soleil pour faire profiter l'herbe et le sol de la chaleur.

Un certain développement de l'herbe pendant le mois de mai indique qu'il faut cesser complétement l'irrigation, de peur de salir les plantes par du limon et de rendre ainsi le fourrage nuisible aux animaux.

Il suffit, par un temps sec, d'humecter les prés en remplissant seulement les canaux et rigoles.

44. **Irrigation d'été**. — Les règles précédentes servent jusqu'à l'époque de la récolte. Un léger arrosage la veille du fauchage facilite beaucoup le travail.

Les avis sont partagés quant à l'opportunité d'irriguer immédiatement après la récolte, ou de différer de 8 à 15 jours. Quand on dispose d'une masse d'eau assez considérable pour abreuver le sol dénudé et le protéger contre le soleil desséchant de juillet pendant huit à quinze jours, il ne faut pas se hâter, mais, quand l'eau fait défaut, on ne doit pas négliger de s'en servir pour humecter les prés immédiatement après la récolte.

Il n'est pas avantageux de vouloir favoriser la croissance de la seconde coupe par une irrigation fertilisante et persistante. Il suffit à cet effet d'arrosages de courte durée, mais souvent répétés, pour humecter simplement le sol et dissoudre les principes fertilisants qui s'y trouvent.

Avec la croissance de l'herbe, et à l'arrivée des fortes rosées automnales, on cesse complétement l'arrosage, surtout dans les prés humides et froids.

45. **Règles générales**. — De même que l'irrigation peut procurer un bénéfice considérable, de même elle peut être nuisible si on l'applique à contre-temps.

Cette pratique demande des soins et une application persistante pour donner des résultats sûrs et continus dans toutes les circonstances, comme on peut l'observer dans le pays de Siegen, où les procédés par lesquels on obtient le plus haut produit sont appréciés et employés depuis longtemps.

Il faut notamment tenir compte de l'humidité et de la fraîcheur naturelle du sol, et ne pas perdre de vue que les prés à pente faible et où l'on dispose de peu d'eau doivent être traités avec beaucoup plus de soins que ceux qui sont fortement inclinés et pour lesquels on a l'eau à discrétion.

DE LA RÉCOLTE.

46. L'époque de la récolte a une grande importance.

L'herbe jeune a moins de substances sèches et de fibres ligneuses, tout en contenant plus de protéine, que celle qui approche de sa maturité, qui a déjà fleuri ou qui porte de la graine. Aussi l'herbe, quoique plus tendre et plus aqueuse avant la floraison, est-elle beaucoup plus nourrissante qu'après ; les mêmes quantités en poids de foin ou d'herbe récoltées sur le même pré à différentes époques peuvent avoir une valeur nutritive variant du quart au cinquième.

Si même on ne fauche qu'après la formation de la semence, qui tombe en grande partie sur le pré, le foin n'a guère plus de valeur que de la paille ; la fibre ligneuse y domine, la richesse en protéine est très-réduite, et il faut aux animaux, pour les maintenir en état, une grande quantité de ce foin pailleux avec d'autres aliments.

L'usage de faucher tard vient de l'opinion très-répandue que, quand on laisse passer la floraison des plantes, on a plus de substances nutritives en ayant plus de matière. Cette crainte de perte n'est pas fondée, lorsqu'on fauche dès que la majorité des plantes commencent à fleurir.

D'autres personnes croient devoir laisser s'exécuter l'ensemencement naturel des prés, ce qui n'est avantageux que quand ils sont nouvellement établis.

On a souvent l'habitude de faire la fenaison à une époque fixe sans tenir compte de l'état plus ou moins avancé ou retardé de la végétation ; on oublie que tout retard est préjudiciable à la seconde coupe.

D'après cela, il est aussi très-peu rationnel de réduire la récolte des prés à une seule coupe, sous prétexte d'obtenir en une fois foin et regain.

Dans les prés fauchés trois fois et même plus, une récolte trop tardive n'est pas à craindre, le regain peut même être coupé en vert sur la fin de l'automne.

47. Fauchage. — Le fauchage s'exécutait autrefois exclusivement avec la faux ; depuis quelque temps on le fait aussi au moyen de faucheuses mécaniques, dont l'usage ne peut manquer de se répandre dans les grandes exploitations peu morcelées, par suite du renchérissement progressif des salaires.

Parmi ces machines, celle du constructeur américain Wood, de Hoozick-Falls (État de New-York) est la préférable (*fig.* 3).

D'après les essais du général Morin, cette machine, attelée de deux chevaux et servie par deux hommes, a fauché deux hectares en huit heures de travail, sur un pré de terrain consistant, et rendant de 30,000 à 35,000 kilogrammes de foin par hectare ; ce travail était exécuté tout aussi bien qu'avec la faux, et il est revenu à 12 fr. par hectare. Le fauchage à la main a coûté le double.

Pour le fauchage du regain, la machine faisait encore plus de travail, mais d'une manière moins satisfaisante. Malgré cela, le fauchage à la machine se recommande par l'accélération du travail, sur des prés bien unis et non marécageux.

48. Fenaison ou séchage de l'herbe. — Cette opération se fait de différentes manières, suivant qu'on veut produire du foin ordinaire ou du foin brun.

Préparation du foin ordinaire. — Le foin est séché principalement par l'action du soleil, mais aussi par celle de l'air, et par l'échauffement intérieur.

Fig. 3.

Le foin préparé par un temps couvert avec du vent reste vert ; il est meilleur que celui qui est fait avec des alternatives de pluie et de soleil ; ce dernier blanchit et perd une partie de ses substances nutritives.

Le séchage est accéléré :

1° En ne répandant l'herbe fauchée à la faux, que lorsque l'intervalle des andains mouillé par la pluie ou la rosée est bien ressuyé ;

2° Quand l'herbe flétrie est mise le premier jour en petits tas et le second en gros tas, dits *meulons*, dans lesquels elle s'échauffe un peu pendant la nuit ;

3° Par l'exposition de toutes les surfaces de l'herbe à l'air et au soleil, en la retournant fréquemment.

49. Toutes ces façons, exécutées jusqu'à présent au moyen du râteau et de la fourche, se font maintenant, dans les prairies d'une certaine étendue, au moyen de machines à faner et de râteaux traînés par des chevaux ; le travail s'exécute plus promptement, à meilleur compte, et d'une manière plus efficace.

Pour épandre les andains, ce qui, avec le râteau à main, est un ouvrage très-fatigant dans les prés bien fournis, on peut employer les faneuses de Nicholson, de Boby (*fig.* 4) ou de Howard. Ces

machines travaillent en travers des andains, en faisant tourner les
râteaux en avant, tandis que le retournage s'exécute on ne peut

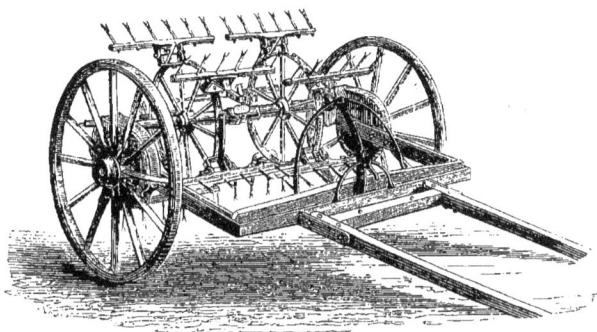

Fig. 4.

mieux par une rotation en sens contraire ; le résultat en est prompt
et satisfaisant.

Le ramassage de l'herbe flétrie s'exécute aussi très-vite par la râ-
teleuse en fer de Underhill (*fig.* 5), ou par des râteaux en bois
traînés par un cheval.

Fig. 5.

Le travail de ces machines, lorsqu'on veut en retirer tout l'a-
vantage dont elles sont susceptibles, demande des chevaux forts et
relayés souvent.

La préparation du foin ordinaire ne doit pas être prolongée, par
un temps clair, au delà de la limite où les feuilles et les tiges commencent à devenir cassantes et à se détacher, ce qui, du reste, a
lieu beaucoup plus tôt avec le travail par les machines qu'avec le
travail à la main.

50. *Préparation du foin brun.* — Elle se distingue surtout de la

précédente en ce que le foin n'est pas séché complétement par l'air et le soleil, mais simplement privé d'une partie de son eau de végétation. Il est mis en meules de 15,000 à 25,000 kilogrammes, où il subit pendant plusieurs mois une fermentation et un échauffement violents, acquérant par là l'aspect d'une masse brune et compacte, d'odeur agréable. Bien préparé, ce foin est mangé avec appétit par les chevaux et les bêtes à cornes.

Une analyse comparative donne à ce sujet les renseignements suivants :

	FOIN ORDINAIRE.	FOIN BRUN.	
Composés de protéine........	9,79	10,46	avec des acides.
Hydrate de carbone.	41,58	31,06	
Matières grasses et cire......	2,31	2,89	
Fibres ligneuses............	24,59	28,13	
Substances minérales........	6,73	7,32	
Eau......................	15,00	20,14	
Totaux..............	100,00	100,00	

Le foin brun avait subi, d'après cette analyse, une perte de 22,93 p. 100 en sucre, gomme et carbone, qui, sans doute, s'étaient transformés en acides organiques. L'acide lactique qui se produit semble augmenter la solubilité des sels de phosphore et autres principes nutritifs du foin, en les rendant propres à la digestion. La préparation du foin brun convient surtout dans les années et les pays humides, là où le séchage ordinaire serait difficile ou même impossible.

On doit laisser l'herbe pendant plusieurs jours sur les andains, la retourner de temps en temps afin de la faire flétrir et de lui faire perdre par un léger échauffement une partie de son eau de végétation, la répandre et la mélanger par un temps convenable, puis la mettre en gros meulons, qui ensuite sont rassemblés en tas d'une voiture environ.

Dans aucun cas, on ne doit toucher à l'herbe flétrie tant qu'elle est mouillée par la rosée ou la pluie.

La confection des meules demande une certaine habitude. Trop d'humidité active la fermentation et l'échauffement au point de carboniser l'intérieur, qui pourrait même entrer en ignition au contact de l'air; si l'on met en tas au point convenable, la fermentation a lieu au contraire avec régularité et cesse au bout de quelques mois.

Une précaution importante à prendre toutefois est de bien tasser le foin, pour éviter la moisissure dans les creux qui se formeraient sans cela.

51. La conservation du foin en meules présente des avantages réels ; outre l'économie de bâtiments, la fermentation du foin frais a lieu bien plus également, le danger d'échauffement est diminué, et les travaux de récolte sont moins dispendieux que dans des granges ou greniers.

La figure 6 représente la construction d'une meule en Angleterre.

Fig. 6.

Dans le sens de la longueur on dresse de grandes perches plantées dans des roues posées à plat ; au haut de ces perches sont fixées des poulies, au moyen desquelles on élève une perche horizontale destinée à soutenir une large toile à voile, qui protége la construction de la meule contre la pluie jusqu'à ce qu'un toit en paille soit établi.

Pour que la bâche ne soit pas renversée par le vent, on fixe en terre trois cordes attachées en haut de chaque perche.

COMMERCE DU FOIN.

52. La fermentation diminue moins le poids spécifique du foin ordinaire que celui du foin brun, ce qui est à considérer dans la vente basée sur le cubage.

En Angleterre, où le foin est généralement conservé en meules, on le coupe au moyen d'un couteau particulier (*fig.* 7) en blocs de 1 pied 1/2 sur 1 pied anglais, qui sont maintenus avec un seul lien de paille. Un bloc de vieux foin pèse 56 livres, et de foin nouveau (jusqu'au 4 septembre) 60 livres anglaises.

La vente se fait par charges de 36 blocs ou bottes qui, jusqu'au 4 septembre, doivent peser 1,000 kilogrammes et ensuite 900 kilogrammes.

Le tassement du foin, et par conséquent son poids spécifique, ne change pas seulement d'après son âge, mais aussi d'après la qualité de l'herbe, sa fabrication et le poids qu'ont supporté les couches; il varie entre 0,06 et 0,10.

D'après le général Morin, le mètre cube ne pèse pas plus de 100 kilogrammes.

Fig. 7.

Du foin lié en bottes pèse de 80 à 90 kilogrammes le mètre cube.

Ces nombres sont relatifs à l'emmagasinage de grandes quantités de foin; pour de petites il faut de $1^{mc},30$ à $1^{mc},68$ par 100 kilogrammes de foin.

53. Le faible tassement du foin rend le transport des quantités considérables dispendieux et difficile; il fait encore que son expédition par les chemins de fer est presque impossible à l'état ordinaire. Même lorsqu'il est coupé dans les meules et non secoué, un wagon n'en contient que 2,000 kilogrammes au lieu de 3,000.

Pour obvier à cet inconvénient, on comprime le foin au moyen de la presse à vis du général Morin, ou de la simple presse à levier, employée depuis longtemps en Amérique.

La figure 8 représente une presse verticale construite par Borrosch et Eichmann à Prague pour le prix de 660 fr., au moyen de laquelle on peut réduire le foin en ballots de 100 kilogrammes au quart ou au tiers de son volume primitif.

$$\frac{1}{55}$$

Fig. 8.

Le général Morin comprime la ration de foin annuelle d'un cheval de grosse cavalerie (environ 5 kilogrammes par jour), et la réduit à 5 mètres cubes au moyen d'une presse horizontale à vis, manœuvrée à la main et coûtant à Paris 6,000 fr. On entoure de minces bandes de fer les ballots de 100 kilogrammes, cubant de 0,24 à 0,25 mètres cubes.

Le chargement et le transport du foin pressé sont incomparablement plus faciles et moins chers. Quand il est pressé sur le pré même, il fermente mieux en ballots que dans la grange, est plus tendre, plus appétissant pour les animaux, n'est pas sali de poussière, et conserve ses feuilles, ses fleurs et ses semences ; il est aussi d'une combustion plus difficile, étant comprimé jusqu'à la consistance du bois de peuplier. Il procure en outre une économie de logement de 75 p. 100.

54. Le prix du foin est très-variable d'une année à l'autre, suivant son abondance et sa qualité. Dans ces dix dernières années, il a atteint sur les bords du Rhin les prix extrêmes de 5 fr. à 22^{fr},50 les 100 kilogrammes, tandis que sa valeur relative en équivalents nutritifs doit être, d'après Grouven, de 7^{fr},50, quand les 100 kilogrammes de seigle coûtent 18^{fr},75 (1).

Il est évident que le foin aromatique des près de montagnes est toujours d'un prix plus élevé que celui des prés marécageux ou tourbeux. De plus, sa valeur nutritive par suite d'une récolte effectuée par un bon ou par un mauvais temps, son état de conservation et son âge, font encore varier les prix.

PRODUIT BRUT DES PRÉS.

55. Les prés à une seule coupe donnent naturellement le moindre produit ; il descend souvent à 10 quintaux et même moins par hectare. De bons prés à deux coupes donnent en moyenne 20 quintaux de foin et 10 quintaux de regain ; les meilleurs atteignent 40 quintaux et plus en fourrage sec.

Un produit minimum payant encore les frais est en général difficile à fixer ; il est cependant important, avant d'améliorer des prairies, de comparer leur rendement antérieur et celui que l'on peut espérer obtenir ; d'après la différence on peut alors se rendre compte du capital d'amélioration à y employer.

DES FRAIS D'AMÉLIORATION.

56. Toute amélioration rationnelle d'un pré en élève le produit annuel aussi bien que la valeur foncière, et il n'y a, sauf le drainage des terres très-humides, aucune opération agricole qui se paie et

---

(1) Dans l'hiver de 1864-65, le quintal de foin a coûté 5^{fr}, 35, tandis que le seigle coûtait 5^{fr}, 57 ; d'après le rapport cité, le foin n'aurait dû coûter que 3^{fr}, 42, par conséquent 1^{fr}, 93 de moins.

s'amortisse aussi promptement que l'établissement d'une prairie
suivant les règles de l'art.

Une amélioration qui coûte 107^{fr},15, exécutée sur un pré
donnant 15 quintaux de foin au prix de 3^{fr},20 et produisant par
conséquent un revenu brut de 48^{fr},20, en peut élever la rente
annuelle du double ou à 96^{fr},40. La valeur du sol suivra la même
marche ascendante et le capital engagé paiera non-seulement des in-
térèts élevés, mais encore il sera amorti au bout de très-peu d'années.

Cette circonstance, loin d'être rare dans les améliorations rationnelles, recommande tout spécialement ce placement de fonds à
l'attention des agriculteurs.

Plus un pré est mauvais, plus l'établissement d'une irrigation
rationnelle y est facile et d'un résultat assuré, plus on doit y consacrer un capital important ; dans des circonstances opposées, on
doit agir avec prudence.

Dans les exploitations où le foin ne doit ni ne peut être vendu, il
faut, pour établir les comptes, prendre comme base de calcul le
prix de revient au lieu du prix commercial.

DU PRODUIT NET.

57. Les frais d'entretien et de récolte des prés étant incomparablement moindres que ceux des terres arables, leur produit net
est beaucoup plus élevé à égalité de produit brut.

Le produit net maximum des prairies irriguées s'obtient dans les
pays où il y a un grand débouché et où le foin peut être vendu
sur pied.

L'exploitation est alors très-simple, et se borne, après l'irrigation,
à son entretien et à son emploi rationnel, au nivellement des inégalités qui peuvent se produire, à la vente de l'herbe et à la surveillance de la récolte.

Le soin et l'entretien des prairies non irriguées exigent au contraire plus de frais, par les fumures qu'il faut leur fournir ; le produit de ces prairies est généralement loin d'être en rapport avec le
produit des prés irrigués quand on les compare.

58. Le traitement rationnel des prairies irriguées demande, pour
être la source d'un produit net élevé, des connaissances préliminaires sur leur établissement, qui ne peut être exécuté qu'après
l'étude spéciale de ses lois fondamentales.

DEUXIÈME PARTIE

ÉTABLISSEMENT ET CONSTRUCTION DES PRÉS.

PRINCIPES TECHNIQUES.

59. Dans la première partie, nous avons posé les principes agricoles de l'entretien des prés; nous allons maintenant développer les règles de l'emploi rationnel de l'eau, de sa distribution et de l'entretien de ce qui s'y rapporte.

Pour tirer bon profit des chapitres qui vont suivre, on doit connaître les lois de quelques États sur le droit d'usage des eaux, les études mathématiques, les terrassements, la construction des écluses et ponts, et, en général, les bases du service hydraulique dans ses rapports avec les irrigations.

Des travaux considérables de terrassement, nivellement, endiguement, établissement de canaux, ainsi que de desséchement, ne peuvent être exécutés avec avantage que si l'on a à sa disposition un cours d'eau intarissable.

60. Toute irrigation et tout desséchement exigent une certaine pente.

L'eau et la pente sont donc les deux conditions indispensables de la construction rationnelle des prés.

DE LA PENTE.

61. L'ingénieur doit considérer, pour l'établissement des prés, l'inclinaison des lignes et des surfaces.

On distingue la pente absolue et la pente relative; cette dernière est la plus importante, car elle indique la pente sur une longueur donnée.

La pente relative dérive du rapport de la hauteur et de la distance entre deux points; par exemple, 1 mètre de hauteur sur une longueur de 100, donne une pente relative de 1 pour 100.

Toute surface ayant une pente, soit uniforme, soit variable, il est toujours possible d'en déterminer la ligne de plus grande pente.

62. La ligne de plus grande pente d'un pré se confond toujours avec celle que suivrait l'eau coulant du plus haut point, sans tenir compte toutefois des petites irrégularités du terrain, et il faut se figurer le pré comme un plan.

Dans le cas où le pré serait composé de plusieurs plans différemment orientés, il résulte naturellement que chaque plan a sa ligne de plus grande pente.

63. **Détermination de la ligne de plus grande pente.** — La direction de la plus grande pente est toujours perpendiculaire à l'horizontale tracée sur le terrain.

Soit ab (*fig.* 9) l'horizontale, xy est la ligne de plus grande pente (1).

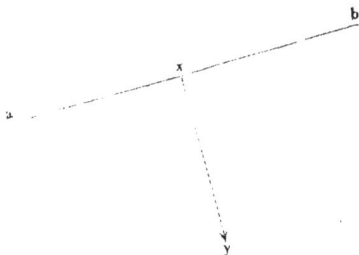

Fig. 9.

Une ligne horizontale jalonnée sur un terrain inégal présente des courbes et des angles et indique par là l'inclinaison changeante de la surface.

Soit $cc'c''c'''$, etc. (*fig.* 10), une ligne brisée horizontale tracée

Fig. 10.

sur le terrain, la ligne ponctuée mn donnera sa direction moyenne, et toute perpendiculaire abaissée de celle-ci sera la ligne de plus grande pente.

(1) D'après le théorème que le chemin le plus court d'un point à une ligne est la perpendiculaire abaissée du point sur cette ligne. Toute autre ligne, étant plus longue pour la même différence de hauteur, donnerait une pente moins forte.

(*Note de l'auteur.*)

Si une horizontale présente des courbes comme dans la figure 11, qui montre en y une dépression et en x un exhaussement du terrain, on obtient des lignes de plus grande pente dans diverses directions.

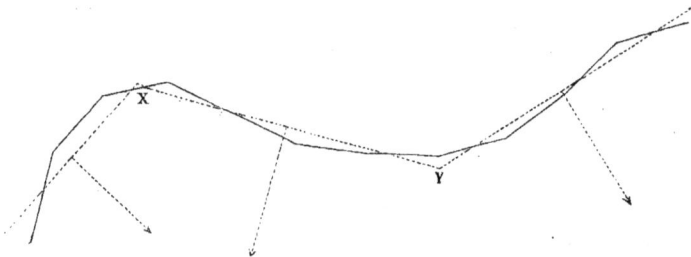

Fig. 11.

64. Le tracé d'horizontales sur un pré et leur relevé graphique sont la meilleure étude pour un plan de desséchement et d'irrigation. Moins la pente d'un terrain est forte, moins on doit écarter ses horizontales, leur différence de hauteur devant être de $0^m,30$ à $0^m,60$ au maximum, car sans cela elles seraient trop éloignées sur le plan.

La manière de représenter une pente est donnée dans la figure 12,

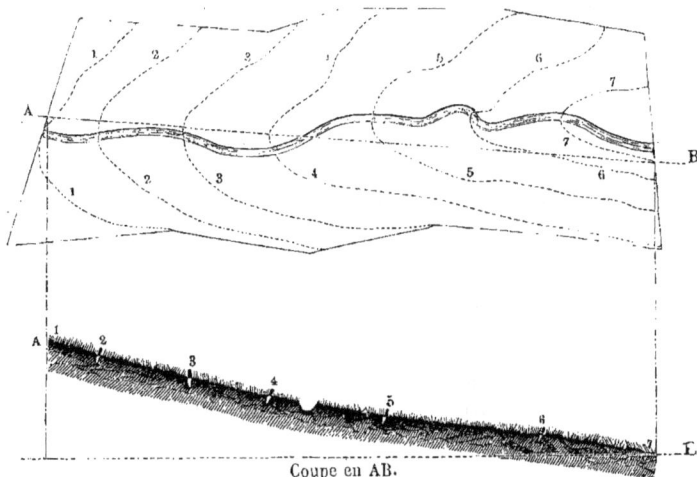

Coupe en AB.
Fig. 12.

sur le plan d'une petite vallée et expliquée par la coupe suivant la ligne AB.

On y voit que la pente est plus forte sur la rive droite que sur la gauche, car les horizontales s'écartent davantage ; au-dessus de l'horizontale 1, il restera à sec de chaque côté deux petits triangles, à moins que la prise d'eau ne puisse être effectuée en amont sur le terrain d'autrui ; la pente est beaucoup plus égale à droite qu'à gauche, et au moyen de quelques barrages et de nouvelles reprises d'eau, on peut successivement irriguer toute la surface du pré.

Si les distances verticales entre chacune des lignes de niveau 1 et 2, 2 et 3, etc., ont été prises chaque fois de 1 mètre, on saura que, par exemple, entre 1 et 7, il y aura 6 mètres ; entre 2 et 5, 3 mètres.

On peut donc, connaissant l'écartement des horizontales, calculer facilement la pente relative, et, comme nous le montrerons plus tard, déterminer la quantité d'eau nécessaire à l'irrigation et la manière de la distribuer.

65. **Hauteur des pentes.** — Il est bien entendu que les expressions de pente forte ou faible d'une surface, signifient sa plus forte pente, qu'elle soit en long, en large ou en diagonale (§ 64).

On nomme pente très-faible, celle qui a moins de 1 p. 100 ; pente faible de 1 à 3 ; pente moyenne de 4 à 7 ; pente forte de 8 à 10, et pente très-forte au-dessus de 10.

DE LA QUANTITÉ D'EAU.

66. Il est difficile et même impossible d'indiquer la quantité d'eau qu'exigent les prés, car elle change d'après :

1° La quantité de l'eau ;
2° La nature du sol et du sous-sol ;
3° La température et le climat;
4° Les surfaces à irriguer ;
5° Leur pente ;
6° Le but de l'irrigation, suivant qu'elle doit être un simple arrosage ou une fumure.

67. En général, l'efficacité de l'irrigation est en rapport avec la quantité d'eau et la pente du terrain, car il arrive dans bien des cas que, par suite de manque d'eau, on n'obtient pas le résultat qu'on espérait.

L'expérience a prouvé que dans les contrées méridionales une très-faible quantité d'eau produit encore de bons résultats, tandis que dans le Nord il en faut incomparablement plus. Il est vrai que, dans le premier cas, le sol reçoit en outre un amendement particulier, et alors l'eau ne sert qu'à le dissoudre et à rafraîchir le sol, tandis que, dans le Nord, c'est à l'eau seule qu'incombent toutes ces fonctions.

Une terre légère, à sous-sol perméable, est un véritable filtre ; une terre forte attire l'humidité de l'air et la retient plus longtemps.

L'air humide des hautes montagnes dispense très-souvent aussi d'une irrigation prolongée.

Pour les pentes moyennes, la quantité d'eau reste à peu près égale ; pour les pentes faibles il en faut beaucoup plus, à surface égale, que pour les pentes fortes.

68. **Rapport de l'eau à la surface.** — On obtient une augmentation relative de l'eau, lorsqu'on divise une surface donnée en plusieurs compartiments que l'on arrose l'un après l'autre, chaque fois avec la totalité de l'eau disponible.

On obtient encore ce résultat en faisant servir la même eau à l'irrigation de planches superposées.

Cette pratique cependant doit avoir des limites, car l'eau diminuant en principes fertiles à chaque nouvelle planche arrosée, on n'obtiendrait sur les dernières qu'un très-faible résultat.

On distingue la quantité d'eau annuelle affectée à 1 hectare et celle qu'il reçoit en vingt-quatre heures pendant les diverses périodes d'irrigation ; elles sont toutes deux très-variables selon les lieux et les années.

La méthode la plus sûre consiste à prendre pour base la quantité d'eau par jour.

69. **Épaisseur de la couche d'eau.** — Pour comparer la quantité d'eau dépensée par hectare, en vingt-quatre heures, nous nous figurerons l'eau accumulée sur cette superficie parfaitement plane et imperméable et sans évaporation pendant ce temps.

En Lombardie, on considère l'écoulement d'un litre par seconde et par hectare comme suffisant ; cette quantité nous donne une hauteur de $0^m,00864$ d'eau par jour, qui suffit à peine pour humecter le sol et doit être considérée comme la dernière limite du minimum.

Dans le nord de l'Allemagne, Vincent adopte pour un arrosage complet et fertilisant 120 litres par seconde ou une hauteur de $1^m,0368$ par jour.

Dans l'Allemagne du Centre et du Sud, on admet une hauteur

journalière de $0^m,36$ à $0^m,45$ pour une irrigation parfaite, $0^m,30$ pour une très-bonne, et $0^m,15$ pour une suffisante.

La quantité d'eau dont on dispose est d'une grande importance pour le choix d'un système d'irrigation ; on doit par conséquent pouvoir en juger de prime abord.

70. **Calcul de la quantité d'eau à employer.** — Si l'on veut irriguer 3 hectares avec une hauteur de $0^m,24$ d'eau, il faudra par hectare une masse d'eau de 2,400 mètres cubes par jour, 40 mètres cubes par heure ; $0^{mc},66$ par minute et $0^{mc},11$ par seconde.

Si l'on n'a pas cette quantité d'eau à sa disposition, on arrosera par compartiments successifs.

DES CANAUX EN GÉNÉRAL.

71. Pour la conduite et la distribution de l'eau, on emploie des canaux, fossés ou rigoles, dont la forme et la construction varient suivant les circonstances.

Les canaux sont classés d'après leurs formes, dimensions et directions ; d'après leur but spécial, la nature du sol et la masse d'eau ; nous donnerons dans les pages suivantes des règles générales s'appliquant cependant à tous les cas possibles.

Dans tout canal, on distingue : les parois, le fond, la profondeur et la largeur supérieure.

Avec ces données, toute tranchée peut être représentée au moyen d'une coupe transversale ou profil.

Les parois sont droites (*fig.* 13) ou inclinées (*fig.* 14), et alors le profil représentera un parallélogramme ou un trapèze.

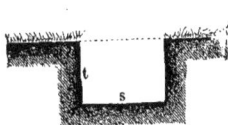
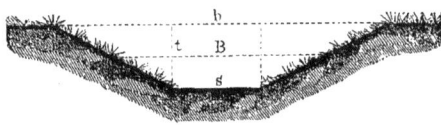

Fig. 13.   Fig. 14.

72. **Des talus.** — Les canaux à parois en pente sont construits avec des talus. L'inclinaison de ces talus ou l'angle qu'ils forment avec la verticale est déterminée par la dimension de leur base. Dans

la figure 15, le fossé a un talus à base simple, soit 1 pied pour adopter la mesure conventionnelle des Allemands (1 pied = 0^m,30), car l'écartement du bord supérieur à la verticale menée par son

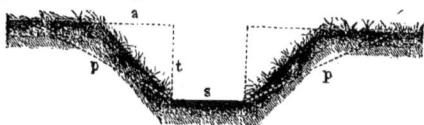

Fig. 15.

extrémité inférieure ou sa projection horizontale a, a 0^m,30, dimension qui est égale à sa profondeur t. Les lignes ponctuées p, p indiquent un talus à base double, la projection horizontale étant le double de la profondeur; on aura de même des talus à base de 1/4, 1/2, 3/4, 1 1/2, etc.

73. Calcul du profil en travers. — La surface du rectangle q (*fig.* 13) est égale à la hauteur t multipliée par la largeur s :

$$q = st. \qquad (I)$$

La surface du trapèze q' (*fig.* 14), est égale au produit de la hauteur par la largeur moyenne B :

$$q' = tB. \qquad (II)$$

B égale la moitié de la somme des deux largeurs :

$$B = \frac{s + b}{2}; \qquad (III)$$

La base a du talus est :

$$a = tn, \qquad (IV)$$

n désignant le rapport de cette base à la profondeur, $\dfrac{a}{t}$.

La largeur supérieure b est la somme du double de la base (2 tn) et de la largeur du fond :

$$b = 2tn + s. \qquad (V)$$

La formule de la surface d'un fossé est :

$$q' = \left(\frac{s + 2tn + s}{2}\right) t = \left(\frac{2s + 2tn}{2}\right) t = (s + tn) t. \qquad (VI)$$

Exemple.

Soit un talus à base de 1ᵐ,5, la profondeur de 0ᵐ,9, la largeur du fond 1ᵐ,2, on a alors la largeur supérieure (d'après la formule V)

$$b = 2 \times 0,9 \times 1,5 + 1,2 = 3^m,9 ;$$

la largeur moyenne (d'après III) sera

$$B = \frac{1,2 + 3,9}{2} = \frac{5,1}{2} = 2^m,55 ;$$

et la surface de la coupe (d'après II)

$$q' = 2,55 \times 0,9 = 2^{mq},295$$

ou bien (d'après VI)

$$q' = \left(\frac{1,2 + 2 \times 0,9 \times 1,5 + 1,2}{2}\right) 0,9 = \left(\frac{2 \times 1,2 + 2 \times 0,9 \times 1,5}{2}\right) 0,9$$
$$= (1,2 + 0,9 \times 1,5)0,9 = 2,55 \times 0,9 = 2^{mq},295.$$

74. Connaissant la profondeur t, la largeur moyenne B et la projection $tn = a$; pour trouver la largeur du fond s et celle de l'entrée b, on a :

$$b = B + tn \qquad\qquad (VII)$$
$$s = B - tn. \qquad\qquad (VIII)$$

Exemple.

Soit une coupe transversale rectangulaire de 1ᵐq,35, ayant 0ᵐ,9 de profondeur et 1ᵐ,5 de largeur moyenne à laquelle on veut donner un talus à base de 0ᵐ,75, on a la largeur supérieure (d'après la formule VII),

$$b = 1,5 + 0,9 \times 0,75 = 1,5 + 0,675 = 2^m,175 ;$$

la largeur inférieure (d'après VIII),

$$s = 1,5 - 0,675 = 0^m,825 ;$$

la largeur moyenne (d'après III),

$$B = \frac{2,175 + 0,825}{2} = \frac{3}{2} = 1^m,5.$$

75. **Inclinaison des talus.** — Les talus d'un fossé, en diminuant la pression de la terre sur les parois, ont pour but d'empê-

cher l'éboulement des rives et leur érosion par l'eau, dont la hauteur baisse en proportion de leur élargissement. L'inclinaison des talus varie avec la nature du sol, la profondeur du canal, la masse et la vitesse de l'eau.

Des rigoles ayant moins de 0^m,30 de profondeur se taillent à parois verticales ; les canaux plus grands ont ordinairement des talus à base :

Pour l'argile grasse, de........................ 1/4 à 1
Pour l'argile maigre, de........................ 1 à 2
Pour le sable................................ 2 à 3
Pour la tourbe ou marais.................... 1/2 à 3

76. Profondeur et largeur du fond. — On donne aux fossés d'arrosement moins de profondeur qu'aux fossés colateurs. Il ne faut pas confondre cette profondeur avec celle de l'eau proprement dite. Dans tous les fossés qui ne sont pas faits pour déborder, on aura soin de laisser à sec quelques centimètres de berge.

La coupe transversale d'un canal ou d'un fossé, pour une certaine quantité d'eau, doit, d'après ce qui précède, être basée sur la largeur du fond, qui s'accroît ou diminue en proportion.

La largeur du fond et la dimension des talus augmentent donc pour le même terrain dans le rapport de la masse d'eau et de sa vitesse.

77. Vitesse de l'eau. — La pente de l'eau et la surface qu'elle mouille en déterminent la vitesse, qui par conséquent est plus faible au fond et sur les côtés qu'à la superficie et surtout au centre de la veine. C'est une vitesse moyenne entre toutes les vitesses particulières des différents filets liquides qu'il faut déterminer.

Pour cela on jette sur l'eau plusieurs flotteurs en bois lourd qui immergent presque entièrement, et on mesure à l'aide d'une montre à secondes le temps qu'ils emploient à parcourir une certaine distance. On jette les flotteurs un peu en amont du point où commence l'observation, pour qu'ils aient complétement pris la vitesse de l'eau; il faut répéter plusieurs fois cette opération. On prend la moyenne des temps obtenus dans les diverses mesures, et en divisant l'espace parcouru par le temps moyen mis à le parcourir, on a la vitesse à la surface de l'eau.

La vitesse moyenne est une fraction de la vitesse à la surface qu'on estime être les 0,80 environ.

Pour avoir un résultat exact du jaugeage, il faut mesurer avec précision la section mouillée à l'endroit où on détermine la vitesse.

Il faut autant que possible choisir un lieu où le cours d'eau soit en ligne droite, où la pente soit uniforme, où la largeur soit égale à la profondeur, et où ne se trouvent ni broussailles ni obstacles quelconques qui viendraient modifier le libre écoulement de l'eau. Pour obtenir la section mouillée, on dresse sur une certaine longueur les bords et le fond du canal ou cours d'eau, de manière à les rendre plans et à pente uniforme, en donnant à la coupe la forme d'un trapèze ; la profondeur verticale de l'eau multipliée par la demi-somme des largeurs au fond et à la surface donne la surface de la section mouillée.

Quand on ne peut disposer ainsi le lit d'un cours d'eau, on en relève le profil transversal en plusieurs endroits.

Pour relever le profil transversal d'un cours d'eau, on place un poteau sur chaque rive et l'on tend une corde d'une rive à l'autre le plus près possible du niveau de l'eau. A des distances égales, marquées sur la corde, on exécute des sondages dont on déduit exactement la profondeur de l'eau ; on dessine ensuite sur le papier les données obtenues en joignant par des lignes les points indiquant les profondeurs, ce qui donne une suite de trapèzes représentant la masse du cours d'eau ; la somme des aires de tous ces trapèzes fournit l'aire totale de la section mouillée.

78. La plus grande vitesse au fond (d'après Dubuat les 0,75 de la vitesse moyenne), est, d'après le général Morin, dans différentes natures de terre :

Terre légère, de............................	$0^m,076$
Argile grasse...............................	$0^m,152$
Sable......................................	$0^m,305$
Graviers...................................	$0^m,609$
Roche siliceuse............................	$0^m,914$
Pierres anguleuses.........................	$1^m,220$
Schistes. — Conglomérat...................	$1^m,520$
Roche schisteuse...........................	$1^m,840$
Roches dures..............................	$3^m,500$

Pour employer ces nombres dans la pratique, il faut bien comprendre les formules qui font connaître la vitesse correspondant à une pente donnée. Soit par exemple un ruisseau ayant 3 mètres de largeur au fond, $0^m,75$ de profondeur et un talus à base double.

Le tableau suivant indique, d'après Redtenbacher (1), les pentes maxima applicables à diverses natures de terrains :

Vase......................	Une pente de	0,016	sur 1000
Argile grasse.............	—	0,045	—
Sable,....................	—	0,136	—
Graviers..................	—	0,433	—
Roche siliceuse...........	—	0,570	—
Pierres anguleuses........	—	1,509	—
Schistes. — Conglomérat..	—	2,115	—
Pouddingues...............	—	2,786	—
Roches dures.......... ..	—	7,342	—

Il est évident que plus les cours d'eau sont considérables, plus ces chiffres offrent d'exactitude dans la pratique.

79. Pente des canaux. — Les chiffres précédents montrent qu'une pente inappréciable suffit pour déterminer l'écoulement de l'eau ; on doit donc bien se garder de l'exagérer, et il ne faut donner aux grands canaux destinés à amener l'eau à la prairie ou à ses

(1) Soient: U la vitesse au milieu du courant ;

    v la vitesse moyenne ;

    a la plus grande vitesse admissible sur le sol ;

    M la masse d'eau s'écoulant par seconde ;

    q la section ou coupe ;

    p le périmètre en contact avec l'eau ;

    h la hauteur divisée par la longueur $l = 1000$, on aura :

$$U = -\frac{1}{2}(1,59 - u) + \sqrt{\frac{1}{4}(1,59 - u)^2 + 3,15u}$$

$$v = \frac{U + v}{2};$$

$$M = v \times q \qquad \frac{h}{l} = \frac{p}{q}(0,0000444\,v + 0,000309\,v^2);$$

on aurait alors dans du sable :

1) $u = 0,305$;

2) $U = -\frac{1}{2}(1,59 - 0,305)\sqrt{\frac{1}{4}(1,59 - 0,305)^2 + 3,15 \times 0,305}$

    $= -0,6425 + \sqrt{(0,4128 + 0,9608)}$

    $= 0^m,5294$;

3) $v = \frac{0,305 + 0,5294}{2} = 0^m,4172$;

4) $M = 0,4172 \times 3,375 = 1^{mc},408$;

5) $\frac{h}{l} = \frac{6,354}{3,375}\,0,0000444 \times 0,4172 + 0,000309 \times 0,4172^2)$

    $= 1,8826\,(0,00001852 + 0,00005378) =$

    $= 1,8826 \times 0,0000723 = 0,0001361$;

    $= 1000 : h = 1000 \times 0,0001361 = 0,1361.$

subdivisions que des pentes de 1 : 500 ou 0,5 : 1000 ou 1 : 1000 ; à ceux de dimensions moindres 1,5 à 2 et 3 pour 1000.

Les canaux de décharge au contraire doivent avoir une pente beaucoup plus forte ; ordinairement la pente naturelle du terrain est augmentée, quand elle est faible, par une plus grande profondeur du fossé à l'extrémité inférieure.

Dans aucun cas cependant, on ne doit dépasser les vitesses et par conséquent les pentes indiquées au § 78, ou, si l'on y est forcé par la localité, il faut consolider artificiellement le fond et les bords des canaux.

Leur pente doit être autant que possible uniforme, mais lorsqu'elle dépasse les vitesses indiquées, on peut, au moyen de petits endiguements, diminuer la vitesse de l'eau, comme le montre la figure 16 ; ce procédé est surtout praticable dans certains canaux d'irrigation.

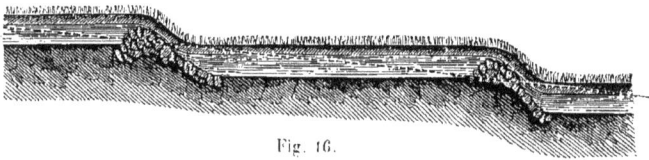

Fig. 16.

80. **Jaugeage de l'eau.** — Le débit des petites rigoles, même de celles à pente uniforme, ne peut être estimé qu'approximativement par suite de l'impossibilité où l'on est de tenir compte des herbes, pierres, etc., qui retardent et obstruent le cours de l'eau.

Pour des canaux d'une coupe transversale plus grande, dans le cas de la section rectangulaire, la largeur s'obtient au moyen de la formule suivante, qui a été établie par Tadini après soixante expériences sur les canaux d'Italie, et confirmée depuis à l'occasion des prairies créées dans la Campine belge. Soient x la largeur, Q la quantité d'eau par seconde, t la profondeur, tang y la pente par mètre, on aura :

$$x = \frac{Q}{50\, h \sqrt{h \text{ tang } y}}$$

Soient : $Q = 0^m,5$; $h = 0^{mc},5$; tang $y = 0,5$ de millimètre par mètre ou 0,5 : 1000 = 0,0005,

$$x = \frac{0,50}{50 \times 0,50 \sqrt{0,50 \times 0,0005}} = \frac{50}{50 \times 0,50 \times 0,0158} = \frac{0,50}{0,395} = 1^m,265.$$

Le canal a donc une largeur de $1^m,265$ sur une profondeur de $0^m,5$ avec une pente de $1/2$ pour 1000.

On ne tient pas compte de l'augmentation de la section des talus (75) qui est contre-balancée par le développement des plantes aquatiques.

81. *Exemple :* Combien de mètres cubes d'eau débite un fossé de $0^m,6$ de largeur, $0^m,45$ de profondeur et 2 pour 1000 de pente ?

$$M = q \times 50 \sqrt{h \tan g\, y} ;$$
$$q = 0^{mq},270 ; \quad h = 0^m,45 ; \quad \tan g\, y = 0,002 ;$$
$$M = 0,27 \times 50 \sqrt{0,45 \times 0,002} ;$$
$$M = 13,5 \sqrt{0,0009} = 13,5 \times 0,03 = 0^{mc},405.$$

LARGEUR DU FOSSÉ.	PROFONDEUR DU FOSSÉ.	PROFIL RECTANGULAIRE.	LE FOSSÉ COMPORTE AVEC UNE PENTE DE :					
			$1/_2$ P. 1000	1 P. 1000	$1\,1/_2$ P. 1000	2 P. 1000	$2\,1/_2$ P. 1000	3 P. 1000
m	m	mq	mc	mc	mc	mc	mc	mc
0,30	0,30	0,0900	0,0551	0,0778	0,0953	0,1102	0,1231	0,1350
0,45	0,30	0,1350	0,0824	0,1169	0,1428	0,1652	0,2120	0,2025
0,60	0.30	0,1800	0,1099	0,1558	0,1909	0,2203	0,2462	0,2727
» »	0,45	0,2700	0,1904	0,2862	0,3745	0,4053	0,4509	0,4981
0,75	0,30	0,2250	0,1374	0,1947	0,2384	0,2754	0,3081	0,3375
» »	0,45	0,3375	0,2533	0,3575	0,4342	0,5065	0,5638	0,6553
» »	0,30	0,0900	0,1650	0,2336	0,2862	0,3305	0,3696	0,4053
0,90	0,45	0,4050	0,3437	0,4293	0,5214	0,6186	0,6761	0,7430
» »	0,60	0,5400	0,4674	0,6610	0,8103	0,9385	1,0454	1,1462
1,20	0,30	0,3600	0,2198	0,3116	0,3815	0,4406	0,4928	0,5424
» »	0,45	0,5400	0,4053	0,5724	0,6950	0,8103	0,9018	0,9906
» »	0,60	0,7200	0,6229	0,8691	1,0805	1,2461	1,3940	1,7979
» »	0,75	0,9000	0,8699	1,2323	1,5034	1,7423	1,9470	2,1071
1,50	0,30	0,4500	0,2749	0,3893	0,4768	0,5508	0,6161	0,6753
» »	0,45	0,6750	0,5065	0,7152	0,8686	1,0130	1,1275	1,2382
» »	0,60	0,9000	0,7737	1,1016	1,3505	1,8276	1,7423	1,8978
» »	0,75	1,1250	1,0876	1,5404	1,8792	2,1778	2,4338	2,6771
1,80	0,30	0,5400	0,3297	0,4674	0,5724	0,6610	0,7383	0,8103
» »	0,45	0,8100	0,6078	0,8583	1,0425	1,2153	1,3530	1,4864
» »	0,60	1,0800	0 9345	1,3219	1,6205	1,8692	2,0909	2,2920
» »	0,75	1,3500	1,3052	1,8484	2,2550	2,6133	2,9203	5,0139
» »	0,90	1,6200	1,7179	2,4397	2,9722	3,4128	3,8416	4,2142

On voit par ce tableau que, si on veut amener par un fossé une quantité d'eau déterminée, on peut choisir plusieurs profils à pente différente qui y répondent approximativement. Les données de profondeur du tableau ne s'appliquent qu'à la profondeur de l'eau ; le bord du fossé n'est pas compté.

82. **Direction des canaux.** — La direction à donner aux ca-

naux dépend du but qu'on se propose et de l'inclinaison du terrain ; c'est par le nivellement qu'il faut procéder.

La règle générale est de tracer les canaux en ligne droite, ou, si la forme du terrain s'y oppose, de laisser aux courbes le plus grand rayon possible.

Dans les petites rigoles à pente faible, les angles qui peuvent se présenter ont moins d'inconvénient que dans les pentes fortes, où les angles doivent être fortement arrondis et toujours obtus.

Dans ces dernières pentes les courbes simples ou contre-courbes sont naturellement indiquées (*fig.* 17) ; on les trace entre les

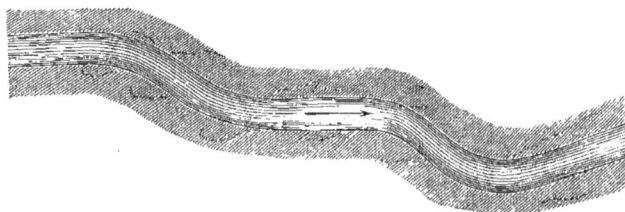

Fig. 17,

points désignés par le nivellement ; on se sert du compas de jardinier ou on les trace au coup d'œil si elles ne sont pas régulières.

83. **Tracé et exécution des canaux.** — On distingue les canaux d'irrigation en contre-bas, et ceux qui sont plus ou moins élevés au-dessus du sol au moyen d'endiguements artificiels.

DES CANAUX TAILLÉS DANS LE SOL.

Les canaux de un mètre au moins de largeur au fond sont déterminés sur leur ligne médiane au moyen de piquets, à partir des-

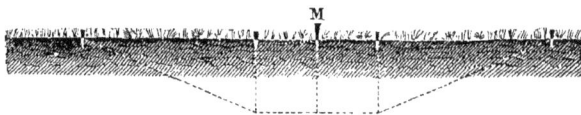

Fig. 18.

quels on marque les bords des deux côtés, et qui sont distants entre eux de 3 à 4 mètres. Les talus inclinés sont ensuite l'objet d'un tracé particulier.

S'il s'agit de canaux de moins de un mètre à exécuter à flanc de coteau, on jalonne la berge inférieure, et, à partir des points de nivellement, la largeur se trace en amont. Sur un terrain uni il est indifférent de commencer par une berge ou par l'autre.

Les piquets qui déterminent la ligne médiane indiquent en même temps le fond de fossé; leur niveau supérieur marque la distance du radier au sol.

Lorsque la direction et la profondeur du canal sont établies, il est ensuite facile de déterminer la base des talus et leur inclinaison (*fig.* 19) d'après les moyens exposés aux §§ 72 et 75.

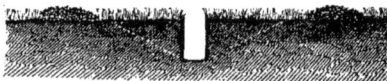

Fig. 19.

On donnera aux canaux d'une profondeur de plus de 2 mètres des talus brisés par un plat-bord à demi-hauteur (*fig.* 20.)

Fig. 20.

DES CANAUX ENDIGUÉS.

84. Les canaux faisant un relief complet ou partiel sont construits au moyen de petites digues latérales en terre ou en gazon (*fig.* 21). Chaque digue latérale se compose d'une crête, de deux talus, l'un intérieur, l'autre extérieur, et d'une base en rapport avec la hauteur de la digue.

La crête doit avoir une largeur au moins égale à la profondeur du canal, et le talus intérieur peut être moins incliné que l'extérieur.

La largeur moyenne d'un fossé étant de $1^m,05$, son talus intérieur étant à base simple, sa profondeur $0^m,45$, la largeur au fond sera (d'après 74) de $0^m,6$, et la largeur supérieure de $1^m,5$; on aura

donc une section de $0^{mq},47$. En donnant de plus $0^m,6$ de largeur
à chaque crête et un talus à base double à l'extérieur, la distance

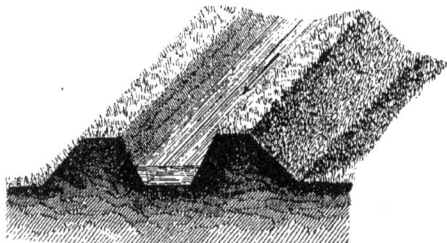

Fig. 21.

à la base des arêtes extérieures des talus sera de $4^m,5$, et au sommet de $2^m,7$.

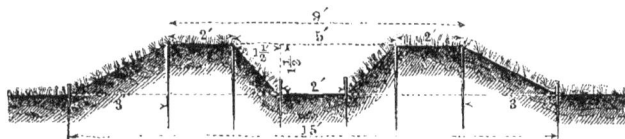

Fig. 22.

85. Dans les canaux qui n'ont qu'un relief partiel (*fig.* 23), la
largeur de la crête sera en rapport avec le véritable relief des endiguements. Le reste comme au § 84.

Fig. 23.

Il se présente, en outre, des circonstances où un canal, passant
sur une dépression de terrain, doit être lui-même en contre-haut
du sol (*fig.* 24).

Supposons que la section d'un canal soit de $0^{mq},72$, la largeur
moyenne $1^m,35$, le talus à la base $0,5$ et le fond à $0^m,96$ au-dessus
de la surface du pré, la profondeur du fossé est alors :

$$\frac{0,72}{1,35} = 0^m,53 ;$$

6

La largeur supérieure $= 1,35 + 0,53 \times 0,5 = 1,35 + 0,265 = 1^m,615$.

Le fond $= 1,35 - 0,53 \times 0,5 = 1,35 - 0,265 = 1^m,085$.

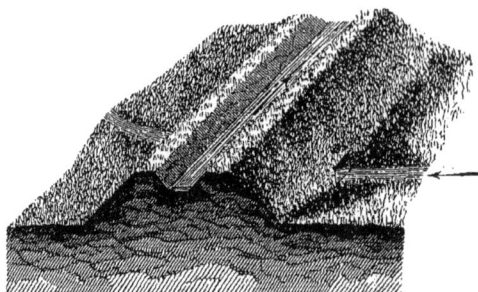

Fig. 24.

La hauteur totale de la digue $= 0^m,96 + 0,53 = 1^m,49$.

Si les crêtes des digues ont une largeur de $0^m,6$ et si les talus extérieurs sont à bases doubles, la largeur supérieure du canal endigué est alors $0,6 + 1,615 + 0,6 = 2,815$, et la base de la digue $= 2 \times 1,49 + 2,815 + 2 \times 1,49 = 8^m,775$.

Le jalonnage est ensuite facile à faire.

DES DIFFÉRENTES CLASSES DE CANAUX.

86. La création des prairies irriguées consiste essentiellement dans l'exécution de canaux destinés à amener, distribuer et détourner les eaux au gré des besoins de l'agriculteur. Cette étude sera l'objet de quelques développements particuliers.

Les divers canaux forment le squelette des prés ; si chacun d'eux est creusé à sa vraie place, si on lui donne la dimension voulue, surtout si les rapports des pentes sont bien observés, l'œuvre s'harmonisera tout naturellement, comme d'elle-même, et sans mouvements extraordinaires de terrain.

Au contraire, l'exécution d'un projet mal étudié entraîne à des frais inutiles pour un faible résultat.

Ce cas se présente fréquemment dans les prairies très-morcelées, où le défaut d'entente entre les propriétaires ne permet pas toujours de suivre des idées simples et rationnelles.

87. Canaux d'amenée et canaux d'arrosage. — Ces canaux conduisent l'eau depuis la prise jusqu'aux rigoles de dernier ordre, qui la distribuent dans le pré.

On les divise en :

Canal de dérivation et canaux d'amenée proprement dits ;

Rigoles de répartition et rigoles de prise d'eau ;

Rigoles d'irrigation ou de déversement.

88. *Canal de dérivation.* — Ce canal doit suivre dans son tracé la partie supérieure du terrain et présenter le plus de relief possible (*z*, *fig.* 25).

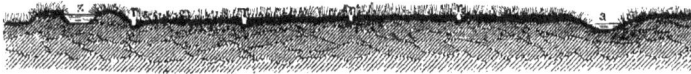

Fig. 25.

Sa construction en remblai complet facilite considérablement l'irrigation en permettant de le vider entièrement sur le pré. Il ne transporte pas alors en pure perte une masse d'eau qui ne fait que pénétrer dans le sous-sol et le refroidir, et dans laquelle les substances fertilisantes se déposent et restent perdues au moins pendant un long temps. Dans les seules prairies à pente très-rapide on peut faire exception à cette règle (*z*, *fig.* 26) ; car une courte

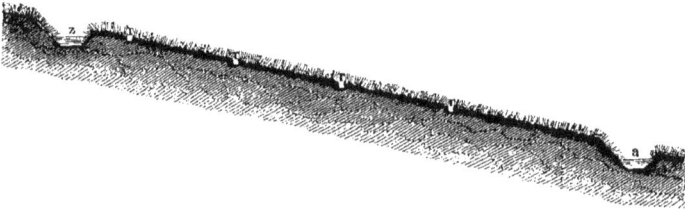

Fig. 26.

saignée amène au niveau du sol l'eau d'un canal établi en contre-bas.

Les dimensions de ce canal sont déterminées par l'eau nécessaire à l'irrigation ou par celle dont on peut disposer [§§ 69 et 70]. Quand on a à sa disposition toute l'eau nécessaire, il vaut toujours mieux augmenter la largeur du canal que sa profondeur, afin de réduire la hauteur des digues et de diminuer la pression de l'eau sur le fond et les parois.

Le fond du canal de dérivation doit en général, pour éviter les ensablements, être établi plus haut que celui du cours d'eau ou réservoir qui l'alimente ; à cause de la faible pente qu'on lui donne, ses talus peuvent être presque verticaux.

Sa section diminue, quant à la largeur du fond et à la hauteur, dans le rapport de la quantité d'eau qu'il cède aux prés; ses talus restent les mêmes. Sa pente est indiquée au § 79 ; on peut cependant la faire un peu plus forte dans les 10 premiers mètres, afin d'activer l'écoulement de l'eau (1).

89. *Canaux d'amenée.* — Ce sont les embranchements du canal de dérivation. Ils conduisent l'eau aux divers compartiments des prés ; on ne les rencontre pas dans toutes les prairies. Les indications du § 88 leur sont du reste applicables.

90. L'irrigation ne doit jamais être effectuée immédiatement par les deux catégories de canaux dont nous venons de parler, parce qu'il est impossible de conserver leur berge inférieure tout à fait horizontale.

Pour la distribution exacte de l'eau sur un pré, il faut encore des rigoles plus petites dont nous allons nous occuper particulièrement.

91. *Rigoles de répartition.* — D'après leur situation et leur direction, elles sont horizontales ou en pente.

a. Rigoles horizontales. — Elles sont taillées dans le gazon parallèlement aux canaux d'amenée ou de dérivation, et situées toujours en contre-bas par rapport à ces canaux.

b. Rigoles en pente. — Elles sont perpendiculaires aux canaux d'amenée ou de dérivation, ou sous un angle se rapprochant de la perpendiculaire (*v,v, fig.* 29); par conséquent elles suivent à peu près la plus grande pente du terrain.

Ces deux sortes de rigoles se modifient d'après leur longueur, leur pente et la quantité d'eau qu'elles doivent contenir. Leur largeur varie de $0^m,12$ à $0^m,30$ et leur profondeur de $0^m,10$ à $0^m,15$. Celles qui sont fortement inclinées doivent avoir le fond garni de gazon pour empêcher le ravinement. Elles sont généralement distantes entre elles de 30 à 40 mètres.

---

(1) Les géomètres font souvent la faute de donner à ces canaux plus de pente qu'il n'en faut, sous prétexte que, si on néglige de les curer, ils ne remplissent plus leur but. Ce n'est qu'un moyen d'encourager la négligence, et on perd par là l'irrigation de certaines parties du pré.   (*Note de l'auteur.*)

92. Les canaux d'amenée ou d'alimentation et les rigoles de répartition communiquent par les :

Rigoles de prise d'eau. — Elles sont situées sous le relief de la digue et ordinairement formées de tuyaux de drainage ou de buses, soit en bois, soit en pierre, dont l'ouverture peut être bouchée au moyen d'une petite pelle ou d'un tampon de gazon (*fig.* 27).

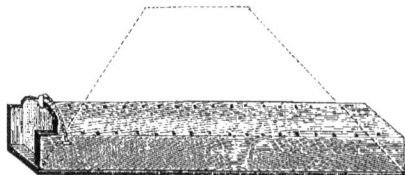

fig. 27.

93. *Rigoles de déversement ou d'irrigation proprement dites.* — Ces rigoles sont destinées à transmettre l'eau directement à la surface du pré.

Elles sont en forme d'épi de blé ou rases; à Siegen et dans tous les prés rationnellement établis elles sont parfaitement horizontales, mais dans certains endroits, on les trouve disposées en patte d'oie.

On distingue les rigoles qui laissent échapper l'eau d'un côté seulement, et celles dont l'eau déborde par-dessus les deux berges. Ces dernières ne sont employées que sur des ados artificiels ou par suite d'un changement de pente du terrain; les premières peuvent être établies presque partout, même sur les surfaces les plus inégales.

Les rigoles de déversement quittent la rigole de répartition sous un angle droit ou aigu, cette disposition ayant pour but de faciliter l'introduction de l'eau.

94. Leur écartement varie d'après la quantité d'eau dont on dispose, mais il ne doit pas dépasser 15 mètres dans les pentes fortes, et de 7 à 10 dans les pentes faibles, car l'expérience dit : « Plus il y a de rigoles, plus il y a d'herbe. »

On détermine leur direction en traçant des horizontales à partir de la rigole de répartition; dans les terrains inégaux elles présentent une foule de courbes (*fig.* 28, 25 et 26 *r, r*). Sur les prés bien

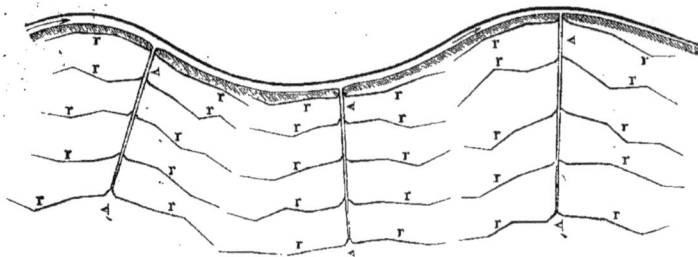

Fig. 28. — Tracé des rigoles.

nivelés, au contraire, elles sont toujours à angle droit avec la rigole de répartition (*fig.* 29).

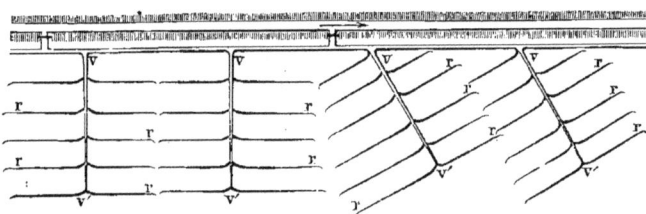

Fig. 29.

Leur largeur est proportionnelle à leur longueur, qui naturellement est la moitié de l'écartement des rigoles de répartition *vv'* [§ 91]. Ordinairement elles ont la largeur des outils au moyen desquels on les fait ; les plus larges ont de $0^m,10$ à $0^m,20$ au plus.

De longues rigoles, déversant l'eau par les deux bords, doivent aller en diminuant progressivement de largeur.

La profondeur des rigoles de déversement est généralement moindre que celle des rigoles de répartition.

95. Canaux de décharge. — Cette classe comprend tous les canaux et rigoles destinés à recueillir et emmener l'eau de pluie, de neige et d'irrigation. On leur donne aussi le nom de canaux de desséchement, quand ils ont particulièrement pour but d'éliminer des eaux stagnantes ou venant de crues accidentelles.

96. *Canal principal de décharge.* — Le canal principal de dé-

charge doit être placé dans la partie la plus basse du pré et suivant la plus grande pente, afin d'obtenir la différence de niveau maximum entre lui et le canal d'alimentation et de détourner l'eau stagnante dans les couches de terrain les plus profondes (a, *fig.* 25 et 26); il faut le tracer, autant que possible, en ligne droite ou en courbes de grand rayon.

Dans beaucoup de circonstances, ce canal est naturellement remplacé par un cours d'eau; parfois, même en présence d'un cours d'eau, son établissement est nécessaire, surtout dans les vallées très-plates, afin d'acquérir par de grandes lignes droites une pente relativement plus forte, ou lorsque la rectification et l'aménagement du cours d'eau occasionneraient autant de dépense que la construction d'un canal. Il arrive même dans ce cas que le canal de décharge passe sous le cours d'eau. On doit lui donner une pente deux et trois fois plus forte que celle du canal d'amenée, ordinairement celle du terrain.

Dans une prairie à pente très-faible, il faut établir le canal de décharge avec une pente aussi uniforme que possible. Pour éviter les fortes dépenses auxquelles cette condition entraînerait sur de grandes longueurs, on augmente la largeur du canal dans le bas afin de diminuer par là la hauteur de l'eau.

Dans les prairies à forte pente au contraire, on diminue dans le haut la section des canaux de décharge.

97. Tous les canaux de décharge doivent être en contre-bas du sol (*fig.* 30). Leur profondeur dépend de l'humidité naturelle du terrain, de la perméabilité de ses couches, de la pente de la prairie, et de la hauteur de l'eau à son point de décharge. Dans des prés horizontaux, on est souvent forcé de donner de la pente en se contentant d'augmenter la profondeur du canal.

Plus la masse d'eau à emmener est considérable, plus la pente est

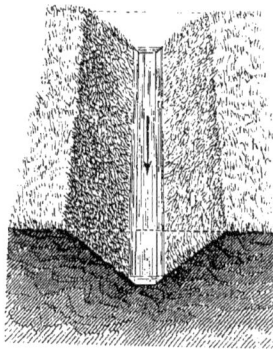

Fig. 30.

forte et plus la terre est meuble, plus aussi l'érosion des parois et le ravinement du fond sont à craindre [78].

On obvie à ces inconvénients par l'établissement de traverses en pierre ou en bois dans le fond, ou par un pavage complet dans les endroits les plus exposés. Quant aux berges, on leur donne un talus très-plat, qu'on recouvre de gazon retenu au moyen de piquets enfoncés jusque sous l'eau.

Un radier solidement construit peut seul empêcher la formation de berges verticales ou minées, et l'éboulement qui en serait la conséquence.

98. Lorsqu'un cours d'eau remplace le canal de décharge, on le traite de la manière décrite plus haut, c'est-à-dire, que son profil, sa pente, sa direction et ses berges sont régularisés (1).

A l'égard des petits cours d'eau qui descendent des montagnes avec les fortes crues du printemps et de l'automne, roulant dans leurs ondes non-seulement du sable et du gravier, mais des blocs de rochers capables de ruiner les radiers les plus solides, cette opération présente de graves difficultés. On la traitera alors d'après les règles de l'art des constructions hydrauliques.

Quand un canal de décharge est utilisé plus loin pour l'irrigation, son nouvel endiguement ne doit pas faire refouler l'eau au point de noyer la prairie.

99. Les *fossés de colature* ont pour but de mettre à sec certaines parties de prairies et d'en conduire les eaux dans le canal principal de desséchement. Ils se distinguent de ce dernier par leurs dimensions plus faibles, et manquent même souvent dans la plupart des prés.

100. Les simples rigoles de colature sont nécessaires dans toutes les prairies, tant naturelles que cultivées ; leurs bords sont taillés verticalement dans le gazon et le sous-sol ; elles sont plus étroites et moins profondes à leur naissance qu'à leur débouché ; leur largeur est ordinairement de 0m,15 à 0m,30.

101. Les canaux souterrains de desséchement, qui doivent agir sur le sol à un mètre et plus de profondeur, ont été de tout temps d'un grand usage dans l'art de créer les prairies. C'étaient d'abord des fossés couverts de terre et de gazon et à demi remplis de pierres et de fascines. Le drainage leur a succédé avec ses tuyaux

(1) Le redressement d'un cours d'eau n'est avantageux que dans les pays plats pour abaisser le niveau des eaux stagnantes. Dans les pays de montagnes, un ruisseau dont on augmente la pente et la vitesse devient facilement destructeur ; il creuse son lit, ébranle ses rives, et ce n'est qu'à grands frais qu'on peut ensuite réparer le mal. Une opération de ce genre demande donc la plus grande prudence.

(*Note de l'auteur.*)

en terre cuite, et il est tous les jours plus en faveur et plus fécond
en bons résultats.

A l'article *Assainissement des terres*, il sera parlé de ces canaux
souterrains avec plus de détails.

DES AQUEDUCS, DES PONTS-CANAUX.

102. Ces canaux sont ouverts ou couverts. Les premiers, destinés
à transporter l'eau au-dessus de dépressions de terrain, de fossés
ou de cours d'eau, reçoivent le nom d'*aqueducs*.

Les canaux couverts font passer l'eau sous des chemins, des
fossés ou des digues. On les fait en bois ou en pierre; on peut
aussi employer avec avantage des tuyaux de drainage de grande
dimension.

La construction de grands aqueducs rentre dans le domaine de
l'art hydraulique.

DES RETENUES D'EAU.

103. Les retenues d'eau se pratiquent au moyen de digues en
terre, de barrages et d'écluses en pierre ou en bois.

Digues en terre. — Les digues nécessaires pour l'établissement
des canaux ont été étudiées aux §§ 84 et 85.

Les digues en terre sont aussi employées pour la construction
de réservoirs ou d'étangs. Leurs dimensions et surtout les soins
apportés à leur exécution doivent être en rapport avec la hauteur
de l'eau.

On donne au talus intérieur une base de 2 à 4 fois la hauteur, et
au talus extérieur une base de 1/2 à 2; la hauteur de la digue dépasse de $0^m,30$ à $0^m,50$ celle de l'eau.

La largeur de la crête des digues doit être égale à la moitié ou
aux trois quarts de la hauteur, lorsque cette hauteur est de $1^m,75$
à 2 mètres; lorsque la digue mesure de $2^m,50$ à 3 mètres, la crête
peut être un peu moins large. Pour les digues de dimensions supérieures, on donne à la crête le quart ou même le huitième de la
hauteur totale.

Avec ces données, il est toujours facile de calculer la section,
et si la longueur est connue, on a le cube des digues à construire.

104. Dans la construction des digues d'étangs, l'assise doit être
établie en escalier pour qu'elle ait plus de fixité et empêche le

passage de l'eau ; on dame en outre fortement le sol par couches de $0^m,20$ à $0^m,30$ (ab, fig. 31).

Fig. 31.

Le talus extérieur et la partie émergente du talus intérieur, ainsi que la crête, seront recouverts de bonne terre et de gazon.

105. Il faut que les réservoirs, dont le but principal est de recueillir l'eau des crues pour la répandre pendant les sécheresses, puissent se vider complétement ; à cet effet, ils sont pourvus de buses en bois ou en métal, soigneusement fermées et pourtant faciles à ouvrir à volonté.

Les réservoirs et étangs servent à conserver du limon, et sont utiles aussi pour la pisciculture.

106. L'endroit où l'on veut établir un réservoir doit être choisi autant que possible sur un terrain de peu de valeur, dans les sortes d'entonnoirs où affluent les eaux de grandes surfaces, et que l'on ferme au moyen d'une digue perpendiculaire au *thalweg*. Les contrées montagneuses présentent particulièrement ces dispositions.

Dans les plaines, l'installation des étangs est beaucoup plus difficile, parce que les travaux d'endiguement sont plus étendus, et aussi parce qu'il faut situer le fond du réservoir au-dessus des prés à irriguer, ce qui limite la profondeur de l'eau.

Dans ces circonstances, l'étendue devra remplacer la profondeur, afin que la quantité d'eau reste en proportion de la surface du pré à irriguer, sinon les frais d'établissement auront été inutiles.

Pour des terrains de peu d'étendue, des canaux de dérivation à grande section peuvent, jusqu'à un certain point et pour une courte irrigation, remplacer les réservoirs.

107. **Barrages et écluses.** — Les barrages servent à élever l'eau des rivières et cours d'eau naturels au niveau des prairies à irriguer. Il ne faut pas qu'ils puissent occasionner un reflux capable de noyer les terrains qui sont en amont, ou porter préjudice aux

usines établies sur les cours d'eau. Dans ce dernier cas, les droits des intéressés sont garantis par des bornes de repère. Il faut établir les barrages d'après le niveau des grandes eaux, et non d'après le niveau moyen.

Les barrages sont encore nécessaires dans les canaux pour régler les mouvements de l'eau.

108. *Barrages.* — On ne construit de barrages fixes que pour élever l'eau d'une manière permanente à une hauteur voulue. On les exécute ordinairement en moellons placés de champ, ou même en pierres de taille s'il s'en trouve à bon marché dans le voisinage. Cependant une trop grande économie en fait de construction de barrages serait mal entendue, parce qu'elle pourrait d'abord donner lieu à de fréquentes réparations, et de plus compromettre entièrement l'irrigation.

Des barrages en bois équarris, ou en fascines et piquets, ne doivent être employés qu'exceptionnellement à cause de leur courte durée.

109. On choisit autant que possible pour l'établissement des barrages un endroit où le cours d'eau présente une forte pente et des bords escarpés, afin d'éviter le reflux ou de lui donner moins d'étendue.

La hauteur d'un barrage se détermine, outre cette considération, d'après la situation du pré, et de manière à pouvoir en irriguer les parties les plus élevées. Son talus doit être, en amont, dans le rapport de 1 ou 2 de base pour 1 de hauteur; en aval, de 3 1/2, 4 et même 5 pour 1, en tenant compte aussi du volume d'eau amené lors des grandes crues.

Le talus d'aval doit se terminer en un radier horizontal sur lequel l'eau, en diminuant de vitesse, ne peut causer aucun affouillement.

110. La forme la plus simple des barrages est représentée par

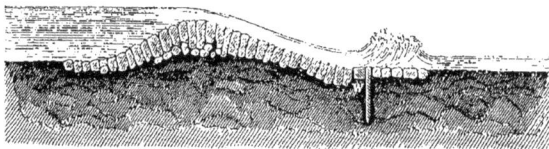

Fig. 32.

les figures 32 et 33, dont les talus n'ont point d'arêtes et sont établis avec des profils courbes.

Il est très-important de donner aux barrages de bonnes fondations et d'en assurer le pied contre les affouillements au moyen

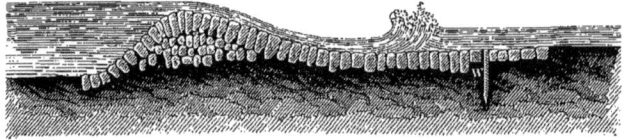

Fig. 33.

d'un seuil W solidement fixé ; des branchages placés au delà dans
la direction de l'eau perdue, sont encore un excellent moyen de
prévenir les dégâts.

Les barrages sont quelquefois munis de rehausses en planches
à l'époque des irrigations. C'est la transition aux écluses.

111. La largeur d'un barrage est déterminée par celle du cours
d'eau, et par le plus ou moins de solidité des rives, dans lesquelles
il doit pénétrer de 1 à 2 mètres.

Les barrages établis obliquement (*a, fig.* 34) dans le but

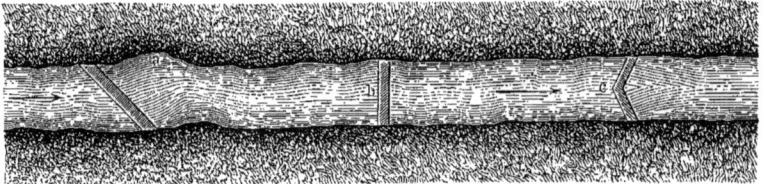

Fig. 34.

d'augmenter la surface d'écoulement, ne peuvent être placés que
dans les grandes rivières. Dans les petits cours d'eau, ils ont l'inconvénient de miner continuellement l'une des berges, comme on
le voit en *a*.

Les barrages doivent donc être établis à angle droit (*b, fig.* 34),
ou en ligne brisée *c*, avec le sommet de l'angle en amont. Cette dernière forme est celle qui préserve le mieux les berges.

Dans les pays de montagnes, les barrages fixes se rencontrent
fréquemment ; dans les pays plats, ils peuvent rarement être
appliqués.

112. *Écluses*. — Les écluses employées dans les irrigations se partagent ainsi d'après leur but :

1° Écluses de retenue ;

2° Écluses de décharge.

Les écluses construites en pierres de taille présentent beaucoup de solidité. Si ces matériaux manquent, il faut employer le bois.

Ce serait cependant un mauvais calcul de prendre en trop grande considération la différence des frais d'établissement, car les écluses en bois, par leur prompte détérioration, qui force à les reconstruire souvent, et qui a plus d'une fois causé la perte totale des irrigations, sont presque toujours aussi dispendieuses que les écluses en pierre.

113. *Écluses de retenue*. — Elles remplacent les barrages dans les petits cours d'eau où un reflux persistant peut être nuisible.

Leur construction est plus difficile et plus coûteuse que celle des barrages ; de plus, elles demandent une attention constante dans leur manœuvre, et, à moins d'une structure très-solide, de fréquentes réparations.

De même que les barrages, les écluses de retenue (S, *fig.* 35) se

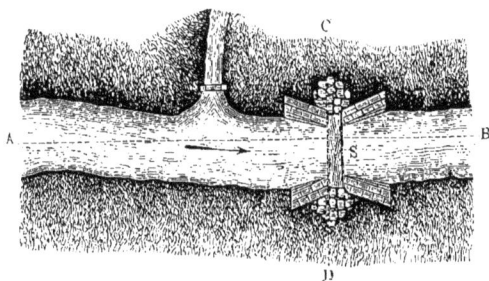

Fig. 35.

placent toujours au point de départ du canal de dérivation ; il faut cependant les établir à quelques mètres en aval de celui-ci, afin que le sable et le limon ne viennent pas s'y déposer et l'obstruer, ce qui arrive fréquemment dans les canaux de moulins, où on n'a pas pris cette précaution.

De petites écluses se placent dans le canal de dérivation ou dans le canal d'amenée pour diviser la pente en paliers horizontaux ; on les construit en bois ou mieux en pierres, et elles sont fermées par une planchette fixée en avant (*fig.* 36). On peut encore, dans le même but, diviser le canal de dérivation au moyen de petits barrages, comme on le voit par la figure 16, § 79.

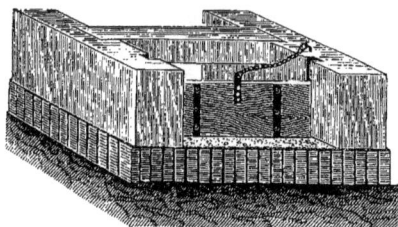

Fig. 36.

114. *Vannes simples, ou écluses de décharge.* — Elles servent à fermer complétement le canal de dérivation et ses embranchements ; on les ouvre à une certaine hauteur pour répartir sur les prés une quantité d'eau voulue (S, *fig.* 35). Elles peuvent aussi, sous forme de pelles mobiles, être placées là où le besoin s'en fait sentir (*fig.* 37).

Fig. 37.

Les buses ou rigoles de prise d'eau rentrent dans cette catégorie (*fig.* 27, § 92).

115. *Construction des écluses.* — La première condition à observer dans la construction des écluses est de rendre parfaitement étanche le dessous du seuil. On obtient ce résultat, même dans les écluses en pierre, en plaçant devant le seuil une cloison de madriers assemblés verticalement. Mais il est préférable de faire en béton ce seuil lui-même, car le béton se relie et s'identifie, comme on sait, aux pierres de taille qu'il supporte (B, *fig.* 38 et 39), et peut donner aux écluses en bois elles-mêmes une très-grande solidité.

116. Un second point à observer est l'imperméabilité des flancs
de l'écluse ; à cet effet on les garnit de cloisons latérales dans les
constructions en bois (*s*, *fig.* 38), et de murs de soutènement dans les

Fig. 38.

ouvrages en maçonnerie (*m, m, fig.* 38 et 39) ; on y enfonce aussi de
la terre glaise ou du béton bien pilonné.

117. On ferme les écluses au moyen de vannes en planches glis-
sant dans un retrait, et non dans une rainure (O, *fig.* 39) ; ces vannes

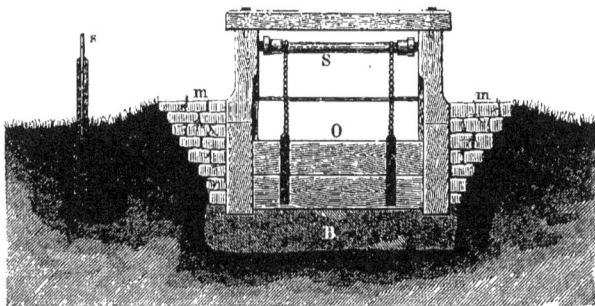

Fig. 39.

sont mises en mouvement, dans les petites écluses, par un levier
qui agit sur une latte clouée en travers de la vanne (*s*, *fig.* 38) ;
et, dans les grandes écluses, par des tiges à engrenages ou des
chaînes s'enroulant sur un treuil (S, *fig.* 39).

Pour la facilité de la manœuvre, la largeur de chaque vanne ne doit pas dépasser 1ᵐ,50; si l'ouverture est plus grande, il faudra pratiquer plusieurs compartiments.

118. La hauteur des vannes sera proportionnelle à la hauteur de l'eau et en rapport avec le but de l'écluse.

Dans les écluses de retenue (S, *fig.* 38 et 39) les vannes doivent être mesurées de telle manière que le canal de dérivation se remplisse suffisamment, pendant qu'elles laissent échapper toute l'eau surabondante.

Ces sortes d'écluses sont fermées pendant les irrigations; ouvertes, elles laisseraient couler toute l'eau sans profit sur leur seuil.

Les écluses de décharge au contraire doivent être ouvertes autant qu'il est nécessaire pendant l'irrigation pour donner passage à l'eau.

Elles ne remplacent jamais les précédentes.

119. Les détails de construction des grandes écluses appartiennent à la science hydraulique et doivent être dirigés par des ingénieurs habiles, si l'on veut atteindre, sans frais infructueux, le but important qu'on a en vue.

La figure 35 représente en S une écluse de retenue et en *s* une écluse de décharge; les figures 38 et 39 montrent les coupes suivant AB et CD du cours d'eau où sont établies ces écluses.

Il faut en général limiter autant que possible le nombre des écluses et des vannes, à cause des grandes dépenses que nécessitent leur établissement et leur entretien. Il est clair que moins un système d'irrigation a besoin de toutes ces constructions de l'art pour donner cependant de très-beaux résultats, plus il est rationnel et profitable; tandis que des digues et des écluses par trop multipliées trahissent toujours, même aux yeux de l'observateur superficiel, quelque chose de défectueux dans l'ordonnance première.

DES DIVERS SYSTÈMES D'IRRIGATION.

120. On distingue deux systèmes principaux d'irrigation.

Dans le premier, l'eau n'est pas en contact avec la surface des prés; elle ne fait que remplir les fossés qui les sillonnent, et en saturer le sous-sol d'humidité; dans le second, elle coule en torrent sur les prés, ou les arrose tout doucement.

121. **Irrigation par infiltration.** — Ce système ne doit être employé que quand on est dans l'impossibilité d'humecter la sur-

face de la prairie par suite du niveau relativement trop bas des eaux. On doit considérer son action comme procurant simplement de l'humidité au terrain plutôt que comme une véritable amélioration ; cependant les sels dissous dans l'eau, ainsi que le limon qu'elle tient en suspension, peuvent, par la capillarité du sol, arriver aux plantes et en développer la vigueur.

122. Ce système est principalement applicable aux prés qui ont très-peu de pente et où l'eau, baignant le sous-sol et s'élevant jusqu'à la couche supérieure du terrain, provoque la croissance d'herbes aigres et de mousses, et amène la formation de la tourbe.

Par l'établissement, dans le sens de la pente générale du terrain, d'un ou de plusieurs fossés principaux [97] acquérant une pente réelle au moyen de plusieurs profondeurs et d e petits fossés qui y débouchent (ou même des tuyaux de drainage), on obtient le dessèchement.

La terre provenant de ces travaux est répandue sur le pré.

123. On complète ce système par une écluse x (fig. 40) placée

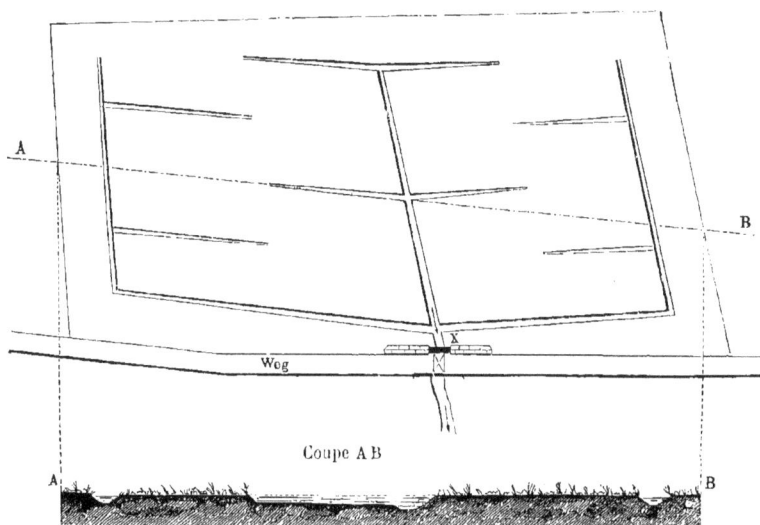

Coupe A B

Fig. 40.

au point de sortie des canaux, par laquelle on peut refouler l'eau à volonté, et mettre ainsi le pré à sec ou lui rendre également l'humidité nécessaire à la végétation. De novembre en avril l'écluse

7

est ouverte; le reste du temps on la tient fermée, en n'abaissant le niveau des eaux que temporairement pour l'époque de la fenaison.

Cette opération produit une amélioration extensive; elle est peu coûteuse, et si avantageuse qu'on ne saurait l'exercer sur une trop grande échelle. Plus on desséchera de marais et d'eaux stagnantes, plus on agira d'une manière bienfaisante sur le climat d'un pays, sur l'agriculture et sur la santé des hommes et des animaux.

124. Ce système a pourtant quelques inconvénients : il ne peut être employé que pour un terrain léger et perméable, et non pour un sous-sol argileux et froid; la fumure ne peut pas être faite avec des composts; quand les fossés sont profondément talutés, il y a beaucoup de terre perdue; le niveau de l'eau ne peut pas toujours être ramené à sa première hauteur, et plus le sol et le sous-sol sont compactes, plus l'humectation réussit lentement.

En outre, une irrigation trop haute et trop prolongée peut aussi détruire très-facilement les bonnes espèces de plantes.

On ne peut donc retirer de ce système de véritables avantages qu'en l'exerçant dans des terres légères, situées à une exposition chaude, et surtout en lui donnant une application rationnelle.

Dans un pays à culture intensive il est incontestablement préférable, si l'on a un écoulement suffisant, de drainer les terrains de nature marécageuse et de les transformer en terres arables.

125. **Irrigation par submersion.**— Les inondations se produisent naturellement dans les vallées à faible pente où les cours d'eau, débordant à certaines époques, submergent les terres environnantes pour un temps plus ou moins long et leur procurent ainsi un amendement.

Quand ces inondations naturelles ont lieu régulièrement au printemps et à l'automne et que leur eau ne charrie pas de substances nuisibles, elles apportent aux prairies une fumure gratuite qui assure chaque année une riche récolte en foin; mais, dans les années sèches, le regain est peu abondant et même incertain.

Il est beaucoup plus avantageux de pouvoir régler les inondations au moyen de digues et d'écluses. On n'a pas à craindre alors qu'elles viennent envaser le foin ou entraîner la récolte fauchée.

126. Les travaux au moyen desquels on peut diriger et retenir l'eau plus ou moins longtemps sur un pré, ont comme point de départ les conditions d'établissement suivantes :

1° Le pré inondé doit être commandé par un cours d'eau qui lui fournisse l'eau nécessaire ;

2° La surface doit être parfaitement de niveau, en sorte que l'on puisse faire écouler l'eau ;

3° La pente ne doit pas dépasser 1 à 1,5 pour 1000, sinon :

A. Les digues destinées à maintenir l'eau seraient trop hautes dans les parties basses ;

B. La couche d'eau présenterait le même inconvénient ;

C. Avec une faible quantité d'eau, il faudrait trop de temps pour recouvrir toute la surface à irriguer.

127. Quand la prairie est horizontale et la masse d'eau dont on dispose considérable, on donne de grandes dimensions aux divers compartiments ; on peut aller jusqu'à vingt-cinq hectares ; il est préférable toutefois de ne pas dépasser une moyenne de 12 à 20 hectares.

Chaque compartiment doit être entouré de digues à crêtes horizontales dépassant le niveau de l'eau de la hauteur qu'atteignent les lames dans leur choc.

La terre dont ces digues sont construites provient des fossés à talus très-évasés qui les accompagnent, et qui servent à l'arrivée ou au dé-

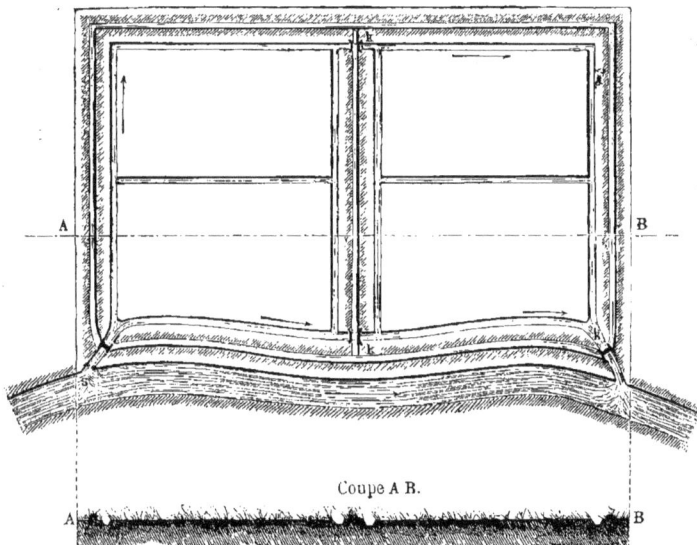

Coupe A B.

Fig. 41.

part de l'eau ; les divers travaux de nivellement fournissent aussi de la terre.

La figure 41 donne le plan et la coupe d'un pré ainsi disposé.

L'arrivée de l'eau est réglée par une écluse *s*; d'autres écluses *k*, *k* permettent ou interceptent la communication des divers compartiments entre eux.

128. Les irrigations de printemps et d'automne demandent à être exécutées avec beaucoup d'attention si l'on ne veut faire périr les plantes.

On doit en limiter le nombre et la durée d'après leur nécessité, et avoir égard à la nature du sol et à la température. Pendant l'été, il suffit de remplir les rigoles pour entretenir de l'humidité.

129. Le système d'irrigation par submersion présente les avantages suivants :

1° Là où un arrosement ordinaire serait insuffisant, il ne faut qu'une faible quantité d'eau, jointe à une pente insensible, particulièrement en été ;

2° Son établissement et son entretien sont simples et peu coûteux ;

3° Pourvu que l'eau soit limoneuse et le sol perméable, des sables infertiles, du gravier même, peuvent être transformés en bonnes prairies ;

4° Les plantes submergées sont soustraites à l'action de la gelée, les sols marécageux ou tourbeux sont comprimés et saturés de substances minérales, et les animaux malfaisants sont détruits ;

5° On fait périr les plantes nuisibles, telles que bruyères et mousses.

130. Voici d'un autre côté les inconvénients de ce système :

1° Son action est toujours nuisible, quand le sol est imperméable et par conséquent d'une nature froide, et l'eau dégagée de limon ; de plus les infiltrations fréquentes et prolongées font périr l'herbe ;

2° L'eau soustrait presque entièrement les plantes à l'influence et à la température de l'air, ce qui les amollit et rend le fourrage moins nourrissant ;

3° L'irrigation, par suite des causes qui précèdent, ne peut être exécutée que très-rarement à l'époque de la végétation ;

4° En supposant même les meilleures conditions, c'est-à-dire l'eau limoneuse et l'inondation de courte durée, le fourrage récolté sur les prés irrigués par submersion n'aura jamais la valeur de celui des prés irrigués à eau courante.

131. **Irrigation proprement dite.** — Nous avons vu, dans les deux systèmes précédents, l'eau agir pendant sa période de repos ;

dans celui-ci elle est continuellement en mouvement, tant dans les canaux qu'à la surface des prés, où elle ruisselle en couches minces toujours renouvelées.

132. Quand la surface du sol est naturellement inclinée, et assez unie pour que l'eau s'y écoule et s'en retire complétement, l'établissement de ce système ne demande que la création des canaux d'irrigation et de décharge nécessaires. Dans ce cas, on adopte le système d'irrigation dit naturel ; si au contraire les pentes diverses, la surface inégale de la prairie rendent impossible un arrosement naturel, il faut régulariser et niveler les inclinaisons du terrain, enlever et replacer le gazon, tracer en même temps les canaux aux distances voulues, et l'on aura l'irrigation artificielle (*Kunst-Wiese*).

133. En général la pratique indiquée tout d'abord au paragraphe précédent doit être considérée comme la règle ; celle qui vient ensuite n'est que l'exception.

La première de ces deux règles est naturellement appliquée là où la pente est suffisante pour l'irrigation et le desséchement du terrain ; le meilleur emploi de cette pente naturelle est alors le but principal de l'irrigateur, car l'expérience a prouvé d'une façon incontestable que, dans les mêmes conditions de climat, d'eau, de sol, etc., les pentes moyennes ou fortes sont celles qui donnent le meilleur fourrage et en plus grande quantité [65]. Le second système a pour but de partager la pente, d'après des règles spéciales, entre les diverses parties du terrain, de l'augmenter ou de la diminuer relativement par la transformation du sol, en utilisant avec art et économie, pour l'irrigation et le desséchement, les accidents naturels qui s'y trouvent.

134. Ce système artificiel ne doit être adopté que :

1° Quand l'eau nécessaire à l'irrigation est de bonne qualité et en quantité suffisante ;

2° Quand on peut dessécher le terrain et qu'on n'a pas à craindre l'inondation des travaux ;

3° Quand le terrain est travaillé sans peine, le sous-sol perméable, qu'on a le gazon sur place ou qu'il est facile de s'en procurer, et que la réussite de la semaille est garantie ;

4° Si l'on a à sa disposition le capital, souvent considérable, qu'il faut y consacrer ;

5° Si le prix des prairies avant et après leur transformation est en rapport avec l'augmentation probable du produit ;

6° Si l'on est sûr qu'un entretien et des soins attentifs, absolument nécessaires, seront toujours donnés aux travaux par la suite.

135. Le précepte fondamental de l'art de créer les prairies devrait être, dans toutes les circonstances : améliorer les prés par les moyens les plus simples possibles.

On doit donc établir les plans des travaux de manière à adopter d'abord le système naturel d'irrigation et à passer peu à peu de celui-ci au système artificiel ; ce qui n'est pas difficile au moyen du curage des canaux et des rigoles, et par l'emploi bien entendu des digues, des fossés, des terres rapportées, des surfaces inclinées, et les transformations partielles accomplies chaque année.

136. **Division des divers systèmes d'irrigation**. — Les prairies irriguées, tant naturelles qu'artificielles, peuvent être traitées par l'irrigation en plan incliné ou par planches en ados.

1° Dans l'irrigation en plan incliné, la prairie n'a qu'une seule pente et l'eau ne se déverse des petites rigoles que par l'un des bords.

2° Dans le système en ados, le pré a la forme d'un toit et l'eau déborde également des deux côtés de la rigole placée au sommet. D'après la hauteur des ados, on les distingue en hauts, moyens et bas ; d'après leur largeur, en larges et étroits.

Le choix du système dépend :

1° Des pentes et de la nature du terrain ;

2° De la quantité et de la qualité de l'eau ;

3° De la considération qu'il ne faut employer les ados que comme exception.

137. **Irrigation en plan incliné.** — Ce système est le plus simple comme construction et le plus commode pour la récolte ; il est indiqué par la nature elle-même dans les pays de montagnes, et son établissement ne demande généralement que le tracé des canaux nécessaires (§ 94, *fig.* 28).

C'est donc le système le plus économique, et il est applicable là où le sol présente une pente de 2 pour 100 au minimum ; la pente peut être d'autant plus forte (4 à 6 pour 100) que le sol est plus imperméable et l'eau plus froide. On peut même utiliser une pente naturelle de 30 degrés ou 57 3/4 pour 100, pourvu que l'on n'ait pas à craindre le glissement du sol ; la récolte, il est vrai, est alors assez difficile à faire.

138. **Irrigation par planches en ados**. — Si l'on a une pente inférieure à 2 p. 100, un sous-sol imperméable, et par conséquent

un terrain tendant à devenir marécageux, l'établissement des ados est indiqué pour deux raisons :

1° La pente de la surface est relativement augmentée par les ados, c'est-à-dire que l'on peut répartir la pente absolue sur des longueurs plus petites.

2° La grande quantité de rigoles d'écoulement très-rapprochées les unes des autres assure l'asséchement, et accélère l'échauffement du sol ainsi que l'amélioration de l'herbe.

139. Dans la figure 42, *ab* représente en relief le canal d'alimentation avec sa rigole de distribution, et *cd*, la rigole de décharge à une distance de 75 mètres. La pente, depuis le fond du canal principal jusqu'aux bords supérieurs du canal de décharge, étant d'un deux-centième, la crête des ados, où se trouvent les rigoles hori-

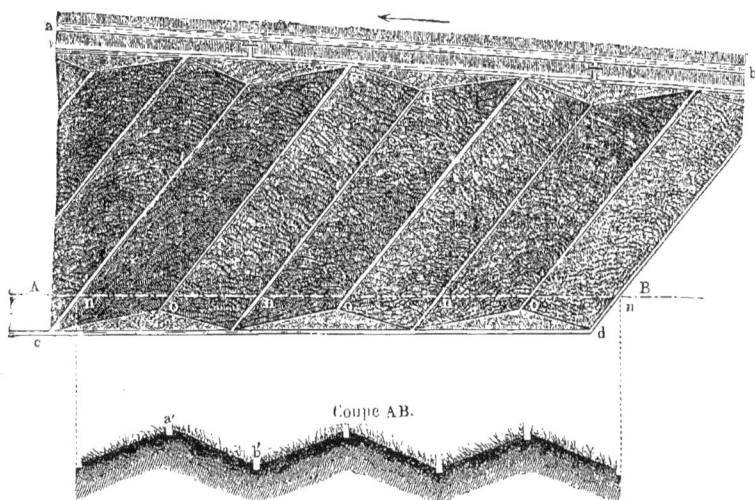

Coupe AB.

Fig. 42.

zontales de déversement, peut avoir aux pignons *oo* une hauteur de 0ᵐ,30 et les bords des rigoles de colature *n*, *n*, séparant les divers ados, sont à la même distance au-dessous du niveau du sol.

Si dans l'autre sens les rigoles de déversement sont écartées de 7ᵐ,50, la pente des ados sera, de *a′* en *b′*, de 0ᵐ,30 sur 4ᵐ,50 ou 1/15 (6 2/3 p. 100), tandis que la pente générale du terrain ne présentait qu'un demi pour cent.

A la naissance des ados de *e* en *d*, leur pente latérale est beaucoup moins forte, et ce n'est que vers le milieu qu'ils arrivent à 3 1/3 pour 100.

La pente latérale des ados est en général en rapport inverse de leur largeur.

140. *Des ados naturels.* — Leur établissement a lieu simplement par le tracé du squelette sur le terrain et l'endiguement successif de la rigole de déversement, au moyen du curage des rigoles et des fossés qui doit se faire chaque année. Cette transformation insensible est représentée dans la figure 43. La simplicité et le peu

Fig. 43.

de frais de ce système le recommandent d'autant plus qu'il fait obtenir une amélioration réelle dans l'irrigation, et il devrait être employé dans toutes les localités où la pente naturelle du terrain a moins de 2 p. 100 et plus de 1/10 à 1/15 p. 100.

Dans les pentes supérieures à 2 p. 100, l'extrémité de l'ados ou pignon demande d'autant plus de terre et de gazon qu'il présente lui-même plus de longueur. La longueur ordinaire des ados est de 40 à 50 mètres; s'ils ont plus, on les dispose en étages, comme le représente la figure 44.

Fig. 44.

141. Reconstruction perfectionnée. — Les prés où l'on établit ce système artificiel se distinguent particulièrement des prés naturels par les mouvements de terrain qui viennent changer les propriétés physiques du sol dans ses rapports avec l'air, l'eau et la chaleur.

La terre ameublie par les travaux de terrassement absorbe plus facilement l'humidité; elle a plus de propension à devenir marécageuse que les sols qui n'ont pas encore été travaillés; on doit donc donner aux planches une pente plus forte pour [faciliter l'écoulement de l'eau.

L'établissement du système perfectionné en plan incliné ne devrait jamais avoir moins de 4 p. 100 de pente ; une pente de 6 p. 100 et même davantage garantit encore mieux le résultat.

Les ados perfectionnés n'auront donc jamais moins de 5 p. 100 de pente et surtout ne seront pas placés dans les prairies humides ou marécageuses. Enfin c'est seulement par l'observation rigoureuse des longueurs de pente et de tous les principes énoncés au § 134, que la culture artificielle pourra donner le résultat souhaité.

142. *Ados perfectionnés.* — Les prés établis par terrassement sur les terrains à pente uniforme présentent les avantages suivants :

1° Facilité d'un desséchement complet ;

2° Chaque ados reçoit ainsi l'eau de première main ;

3° Augmentation de la surface cultivée.

Les ados étant accompagnés de rigoles de colature, et ces ados pouvant être aussi étroits que possible, ce qui multiplie le nombre des rigoles, le desséchement des terrains les plus humides est assuré par le système que nous décrivons.

La plus grande étendue de surface cultivée qu'on obtient avec les ados est la conséquence de leur forme, car leur coupe présente un triangle dont la somme des côtés est toujours plus grande que la base. Il est donc évident que ces surfaces inclinées donneront plus d'herbe que leur projection horizontale.

Cette augmentation est d'autant plus sensible, qu'à largeur égale les ados sont plus hauts, ou qu'ils sont plus étroits avec même hauteur.

143. La largeur et la hauteur des ados sont donc des données essentiellement dépendantes l'une de l'autre.

L'expérience ayant prouvé que les récoltes les plus favorables sont obtenues sur des ados mesurant de 3^m,75 à 4 mètres par chaque demi-ados, et comme nous avons vu plus haut [41] que 5 p. 100 est la pente la plus convenable, il en résulte que la hauteur moyenne des ados doit être de 0^m,18 à 0^m,24.

Comme la pente naturelle d'un pré ne se modifie pas facilement, il est important de déterminer la largeur des ados pour leur pente relative.

Pour ces causes, la largeur de chaque planche peut varier de 3 à

9 mètres, et doit toujours être un multiple de la largeur d'un coup de faux, qui est de 1^m,50 à 1^m,80.

144. La longueur d'un ados doit être en rapport avec sa largeur, sa hauteur moyenne et sa hauteur au pignon ; en effet plus l'ados est long, plus ce dernier point doit être élevé, et plus la largeur peut être grande sans changer la pente normale.

Longueur, largeur et hauteur sont par conséquent des facteurs dépendant de la pente générale du terrain.

Si l'on donne à un ados d'une largeur totale de 9 mètres une longueur de 12 à 14 mètres, celui de 12 mètres de large aura une longueur de 15 à 18 mètres, et un autre large de 15 mètres sera long de 21 à 24 mètres; les ados étroits sur une grande longueur ne sont pas à recommander, parce que leur rigole de déversement doit être trop large et trop profonde.

145. Les ados larges ont les inconvénients suivants :

1° De diminuer la pente obtenue et de perdre une grande partie des avantages qui font recourir à ce système [§ 143];

2° Il leur faut des bords trop bas et par conséquent trop rapprochés de la couche stérile du sous-sol ;

3° Les travaux de terrassement sont plus dispendieux, et nécessitent deux rigoles parallèles de déversement pour qu'on puisse obtenir une bonne répartition de l'eau sur les deux côtés (*fig.* 45).

Les ados larges offrent par contre divers avantages :

1° Ils sont moins restreints dans leur longueur que les ados étroits; les rigoles conservent du reste les rapports convenables, et on peut y joindre encore d'autres petites rigoles latérales de déversement, parallèles à celles du sommet.

2° Les chemins de transport pour la récolte, nécessaires dans les ados étroits, deviennent superflus dans ceux-ci.

3° Une grande partie des rigoles d'écoulement est supprimée, quand la masse des eaux souterraines n'exige pas impérieusement des ados étroits.

On indiquera plus tard les moyens d'éviter les deux derniers inconvénients.

DE L'ORGANISATION DES TRAVAUX.

146. Elle consiste dans l'application rationnelle des principes développés précédemment sur les qualités de l'eau, les pentes, l'établissement des canaux et les divers systèmes d'irrigation pour les

prairies naturelles ou perfectionnées, d'après les diverses circonstances.

Ce but ne peut être atteint que par l'étude préalable des principes fondés sur l'expérience. Il y a donc, dans chaque reconstruction de prés, le projet et l'exécution des travaux.

147. Les instruments et outils nécessaires à l'irrigateur sont :

1° Les instruments de nivellement, tels que niveau à lunette, niveau d'eau, mire, niveau de maçon ou de pente et jeu de nive-
lettes ;

2° Les instruments d'arpentage, tels que l'équerre, la chaîne,
une douzaine de jalons, deux cordeaux sur leurs dévidoirs et quelques lattes ;

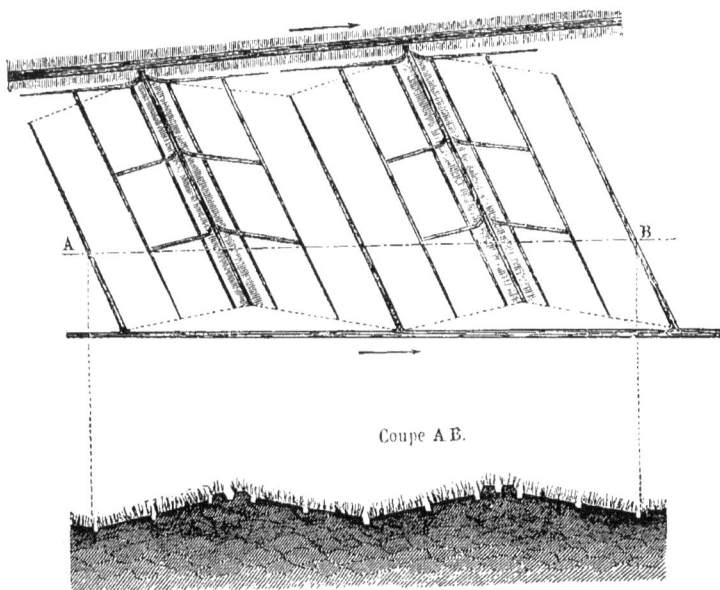

Coupe A B.

Fig. 45.

3° Les outils proprement dits : le croissant ou hache de pré, la
pelle à couper le gazon, la fourche à gazon, l'écobue ou pioche à
terrassement, une batte et une dame ; — outre cela des pelles,
pioches et brouettes.

148. A. Des plans. — Plus le pré à établir présente de pentes,
plus le plan doit être étudié soigneusement, et à plus forte raison si

l'on a en vue la culture artificielle. S'il n'y a pas de plan cadastral, on doit commencer par établir un plan de situation à l'échelle de 1/1000.

C'est sur ces bases qu'on travaillera ensuite.

Sur de petites surfaces et pour la culture naturelle, le projet demande moins d'étude et peut être même directement établi sur le terrain.

149. L'irrigateur doit étudier d'abord :

1° L'eau à employer ;

2° La pente du terrain ; la nature du sol du pré, sa situation par rapport à l'eau, de même que sa forme et ses dimensions.

La qualité de l'eau [§ 29 à 32], sa quantité [§ 66 à 70], sa situation par rapport au pré, le lieu et le système de prise d'eau [§ 107 à 119] doivent particulièrement fixer l'attention. Il lui faut s'assurer si le remous occasionné par les barrages ne peut pas être préjudiciable aux propriétés ou usines situées en amont, et, dans ce cas, s'il serait possible de prendre l'eau superflue en amont des usines. Il doit examiner si le canal de dérivation peut être établi sur la propriété même, ou s'il faut, à cet effet, acquérir ou louer la terre voisine.

150. Pour tous ces préliminaires, il suffit souvent d'un coup d'œil exercé, qui sait reconnaître tout de suite la nature du gazon, la présence de taupinières isolées, la direction et la vitesse des cours d'eau ou des canaux. En cas de doute, dans les pays très-plats ou pour de grandes surfaces, où l'on peut craindre de se tromper, un nivellement préalable est nécessaire.

Dans les pentes moyennes, on procédera par l'établissement de lignes horizontales [§ 63 à 64]. Dans les pentes faibles, on prendra quelques points des profils en long et en travers, que l'on réduira à une base unique pour les inscrire sur le plan.

Ces chiffres en quantité suffisante désigneront la direction du canal de dérivation [§ 88 à 90] et celle du canal de décharge [§ 96 à 98]. On verra par là s'il est possible d'irriguer toute la surface du pré, ou si une partie restera en dehors des travaux.

Quand l'eau est plus basse que le pré, on ne peut établir qu'une irrigation par infiltration (121 à 124), ou encore des machines destinées à élever l'eau, à moins qu'on n'abaisse à grands frais le niveau total de la prairie.

Si certaines parties du pré seulement sont plus hautes que l'eau, elles pourront ne pas être irriguées, ou elles le seront par infiltration.

Il va sans dire que plus l'eau est à un niveau élevé au-dessus de la prairie, plus les irrigations sont faciles.

151. Du choix et de l'établissement du système d'irrigation. — Le choix du système d'irrigation à adopter dépend principalement des pentes de la surface, de la nature du sol, de la quantité d'eau dont on dispose, des dimensions et de la forme du pré où on veut l'établir, et en outre des rapports personnels du propriétaire ou du fermier avec ses voisins [§ 125 à 145].

La direction de la ligne de plus grande pente indique celle des canaux de décharge.

On n'arrivera à des travaux rationnels et en même temps peu dispendieux, qu'en évitant autant que possible les terrassements d'une certaine importance, et en adaptant son plan avec soin aux diverses conformations du terrain.

Ce but ne peut être atteint que quand les rigoles de distribution sont parallèles aux lignes de plus grande pente, ou, ce qui revient au même, quand les rigoles horizontales de déversement les coupent à angles droits.

152. La pente elle-même indique s'il faut choisir les plans inclinés ou les ados.

La nature du sol et la quantité d'eau dont on dispose [§ 142] sont de plus des indications spéciales pour l'opportunité des terrassements à exécuter.

La direction à donner aux diverses rigoles est souvent limitée par le morcellement des prairies, et par la forme et la dimension des parcelles dont on ne peut modifier arbitrairement la position.

La *consolidation* ou réunion des parcelles d'un territoire fait disparaître tout à fait cet inconvénient; mais elle est malheureusement exécutée dans peu d'endroits, ce qui empêche fréquemment l'établissement d'irrigations rationnelles.

153. Division du sol en confins et parcelles. — Le règlement et la réunion des prairies morcelées sont nécessairement précédés d'un arpentage exact, et offrent la meilleure occasion pour l'établissement d'un système d'irrigation, qui pourra être exécuté d'autant mieux et, avec d'autant moins de frais que l'arpenteur et l'irrigateur s'entendront davantage pour ces travaux, ou mieux encore, quand ces deux spécialités seront réunies dans une seule personne capable.

La délimitation des parcelles de chaque propriétaire est formée

par les lignes de confins g (*fig.* 46 et 47) et les lignes de parcelles p (1).

Ces lignes sont tracées sur le terrain au moyen de petites rigoles
taillées dans le gazon et sont marquées par des bornes.

Il est important de faire servir ces rigoles autant que possible de
rigoles d'irrigation et de colature, et on les trace plus ou moins parallèles à la ligne de plus grande pente afin de ne pas gêner l'irrigation.

154. Dans le cas de terrassements considérables, cette dernière
condition est moins importante, vu qu'au moyen de remblais ou de
déblais, on peut obvier à certaines difficultés. Si, au contraire, le

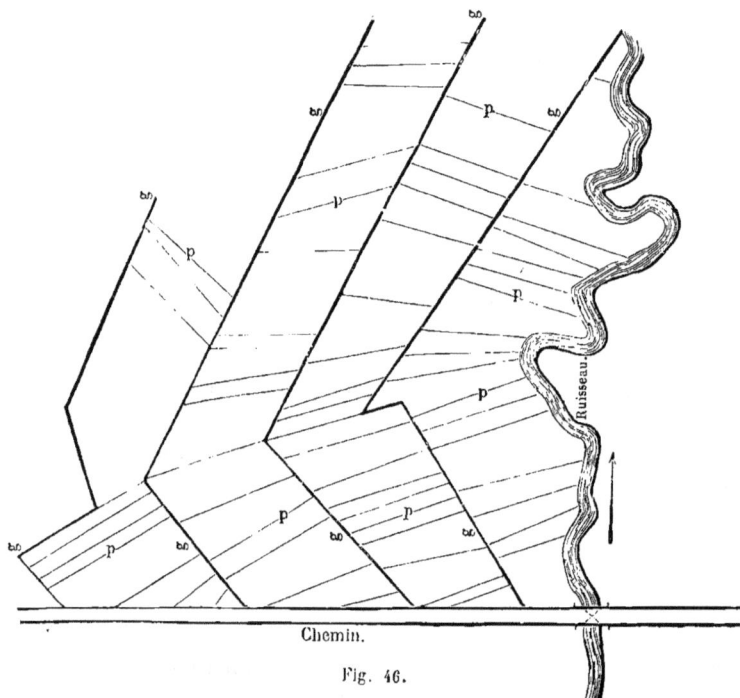

Fig. 46.

sol conserve son relief naturel, il est souvent difficile d'établir les
canaux en concordance avec les confins. Dans ce cas, on doit considérer l'irrigation comme le but principal du tracé des fossés et des
canaux, et traiter séparément les lignes de parcelles.

(1) Les figures 46 et 47 représentent une prairie avant et après l'exécution de la consolidation ou réunion parcellaire avec abornement général.

Un bon irrigateur, plutôt que de se plier aux exigences mal mo-
tivées du propriétaire ou de l'arpenteur, renoncera à l'exécution

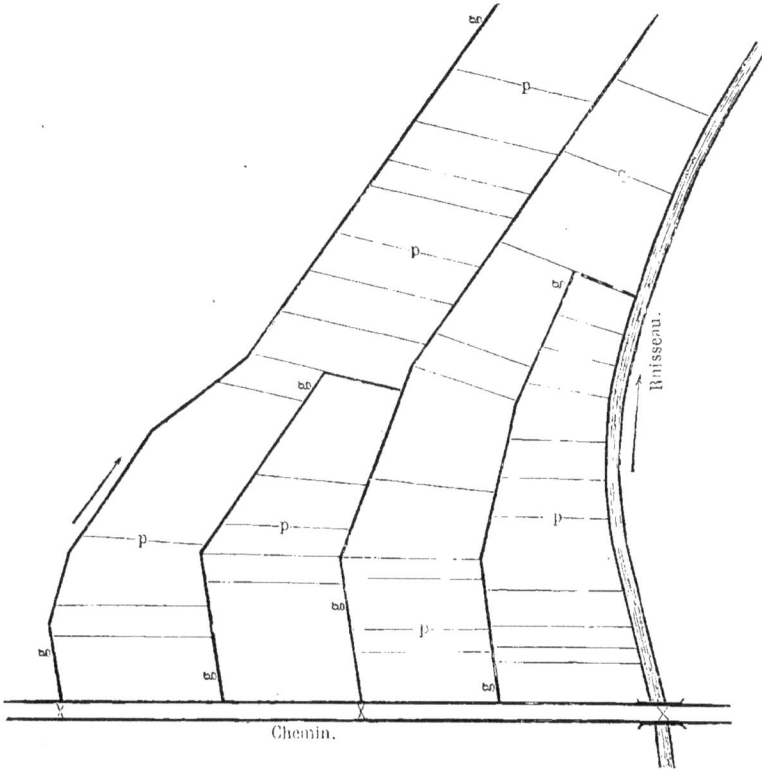

Fig. 47.

de travaux qui ne lui feraient pas honneur, tout en étant coûteux
pour les propriétaires et peu avantageux pour le pré.

155. La dimension des confins dans les prairies morcelées a naturellement un rapport très-variable avec celle des parcelles, et,
comme celles-ci sont toujours fixées d'après les rapports de la propriété, la formation des confins est principalement soumise à la dimension des parcelles, et en outre à la conformation et à la qualité
du sol.

Cette règle se rapporte moins à la longueur qu'à la largeur des confins, qui souvent ne doit pas dépasser une certaine limite, sous peine de rétrécir outre mesure les diverses parcelles et de les rendre incommodes pour l'irrigation.

156. En égard à l'irrigation, il faut limiter aussi la largeur des confins, lorsque ces derniers doivent être les seuls canaux employés.

E Nassau, pour la réunion parcellaire des prairies, on a établi une surface de 6 ares 25 centiares comme minimum, et si la largeur des confins ou la longueur des parcelles est fixée à 40 mètres, la largeur de ces dernières ne peut avoir moins de $15^m,6025$; avec une largeur de confins de 50 mètres, la largeur des parcelles est de $12^m,50$ au minimum.

S'il se présente de grandes parcelles, plus grandes que celles dont nous venons de parler, la largeur des confins n'en sera pas limitée , attendu que l'établissement de l'irrigation étant l'objet principal des travaux, l'irrigateur, s'il le faut, coupera des confins en deux et plusieurs parties par les canaux.

157. La forme des parcelles peut être arbitraire ; on ne doit chercher que des figures commodes pour l'irrigation, et régulières, sans être toutefois astreintes au parallélisme qu'exigent en quelque sorte les terres de labour.

Que la parcelle présente un triangle ou un trapèze, qu'elle soit plus ou moins large à un bout qu'à l'autre, on comprend bien que cela n'est d'aucune importance pour le propriétaire, si de bonnes conditions d'irrigation donnent à sa terre une valeur véritable.

La régularité du dessin est donc reléguée au second plan, et on fera mieux d'adopter la forme triangulaire pour la première parcelle à la prise d'eau de chaque canal, plutôt que la forme régulière et carrée peu favorable à l'irrigation.

Les arpenteurs et les propriétaires attachent encore trop d'importance à des délimitations rectangulaires, et, le plus souvent, l'irrigation en souffre.

RECONSTRUCTION NATURELLE.

158. **Tracé du système en pente naturelle ou par rigoles de niveau et de déversement.** — Si l'on adopte ce système, on commencera par le tracé du canal de dérivation (*aa'*, *fig.* 48) et du canal de décharge (*bb'*) [§ 137 et 87 à 100], à moins que celui-ci ne soit naturellement indiqué par un cours d'eau.

Les différentes espèces de rigoles et de canaux décrites jusqu'à présent ne sont pas toutes employées dans ce système, mais le canal

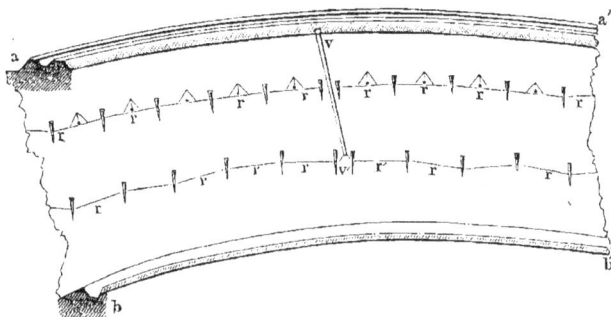

Fig. 48.

de répartition vv', tracé suivant la ligne de plus grande pente, est indispensable [§ 91].

De là partiront les rigoles de déversement r, r, tracées horizontalement au moyen du niveau de maçon, d'après les principes exposés au paragraphe 93.

On commence le tracé de ces rigoles à partir du canal de répartition en marquant le point de départ avec un petit piquet; on cherche les deuxième, troisième, quatrième points... à égale hauteur; on les marque tous de la même manière, et on trouve ainsi le bord inférieur de chaque rigole, qui suit avec différents angles les ondulations du terrain (fig. 48), et ne court en longues lignes droites que dans les prés unis.

Après avoir tendu un cordeau, on coupe le gazon au moyen du croissant ou d'une bêche; le bord supérieur se trace à vue d'œil à la distance convenable [§ 94], et ensuite on enlève le gazon.

159. Dans les prés aigres, qui reçoivent en grande abondance des eaux chargées d'oxyde de fer, et dont le sol froid a de la tendance à devenir marécageux, on peut établir, au-dessus et tout près de chaque rigole de déversement, des rigoles de colature e, e, e, (fig. 49). Ces dernières, emmenant l'eau qui a servi, permettent de donner de l'eau nouvelle à chaque compartiment.

Cette méthode n'est pas applicable dans les pentes et les sols légers, parce que les rigoles de colature s'ébouleraient.

160. Pour établir le système naturel en plan incliné sur une

8

surface de 100 à 150 mètres de large, il suffit d'un canal d'alimentation.

Dans les prairies d'une plus grande largeur, il est nécessaire

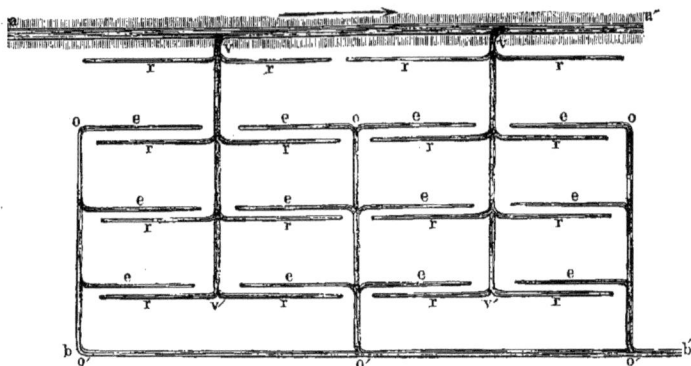

Fig. 49.

d'en établir un plus grand nombre. Ces fossés doivent être placés à la distance indiquée, et s'alimenter, s'il est possible, dans le ruisseau lui-même, afin de donner de l'eau à chaque division du pré.

Le plan représenté par la planche II est un exemple de cette organisation, et il montre en même temps les fossés de confins et les lignes de parcelles remplissant l'emploi des divers canaux. Ce plan peut encore servir de modèle pour le réseau des canaux nécessaires au terrain. Nous attirerons spécialement l'attention sur le dessèchement des parties du pré basses et marécageuses, qui a été obtenu au moyen des petites rigoles de délimitation, tracées, autant que possible, dans le sens de la plus grande pente, et au moyen aussi d'une partie des fossés de confins y faisant en même temps fonction de colateurs principaux. Ces fossés de confins, parallèles aux colateurs, sont par conséquent presque horizontaux, ce qui a exigé qu'on les creusât profondément en leur donnant des talus très-évasés garnis de gazon jusqu'au fond.

Ils reportent l'eau aux canaux principaux de décharge, qui la rendent plus bas aux canaux d'alimentation.

Les deux plans (planches I et II) (1) d'une consolidation ou réunion

_____

(1) Sur un espace de 11 hectares 2 ares 75 centiares on établit dans les parties sèches le système d'irrigation en pentes naturelles, et, dans les endroits marécageux, la construction d'ados en étages fut décidée. Les qualités du sol étant variables, il fallut

de parcelles exécutée dans le Nassau, montrent, le premier l'état des lieux avant l'opération, et le second, le règlement des confins et la nouvelle répartition des parcelles, ainsi que l'établissement rationnel d'irrigations qui s'en est suivi et le desséchement du terrain en grande partie marécageux. Ces plans sont un modèle de l'amélioration décisive que de bons géomètres peuvent toujours, par le système de la pente naturelle, apporter dans la culture des prairies, même au milieu des difficultés causées par les rapports des parcelles.

161. **Tracé du système en ados naturels**. — Lorsqu'on a une pente très-faible, qui nécessite l'emploi des ados naturels au lieu du système précédent, il faut en premier lieu s'occuper des considérations suivantes :

1° Direction des ados ;

2° Leur longueur et leur largeur ;

3° Situation du canal de distribution.

La direction à donner aux ados est celle de la plus grande pente

faire 10 classes et 4 cantons. Suivant les dispositions relatives en Nassau à la réunion parcellaire ou consolidation pour les prairies, les possesseurs de parcelles ayant la moitié au moins du minimum prescrit, soit 3 ares 12 centiares, ne pouvaient pas être placés arbitrairement dans un canton autre que celui où était située leur parcelle.

Parmi les 78 propriétaires, 19 possédaient de 1 are 50 centiares à 6 ares, c'est-à-dire moins que le minimum fixé à 6 ares 25 centiares, et 59 propriétaires avaient de 6 ares 25 centiares à 67 ares 50 centiares. D'après cela, la plus petite parcelle de tous les cantons était de 1 are 50 centiares, et la plus grande de 27 ares 75 centiares seulement ; la moyenne était de 7 ares 50 centiares, et le nombre des parcelles ne pouvait être diminué que de 1/4.

La valeur de la propriété a néanmoins gagné considérablement sous le rapport de l'arrosement et du desséchement par la régularisation des fossés de confins et des canaux comme on peut le voir dans le tableau suivant.

Le prix de la verge ou 25 mètres carrés était :

Avant la consolidation dans la classe			Après la consolidation dans la classe		
—	A,	de 6 fr. 40	—	A,	de 8 fr. 55
—	B	5 35	—	B	8 00
—	C	4 80	—	C	7 15
—	D	3 20	—	D	6 42
—	E	2 85	—	E	5 70
—	F	2 15	—	F	5 00
—	G	1 40	—	G	4 65
—	H	0 70	—	H	4 28
—	I	0 35	—	I	3 55
—	K	0 17	—	K	2 14

Il en résulte que les propriétaires des classes inférieures en qualité ont, comme on pouvait le prévoir, relativement gagné plus que ceux des meilleures classes.

du pré. C'est la règle générale, mais on ne la suit pas toujours strictement, et, avec une pente très-faible, on peut s'en écarter pour la régularité du travail.

La longueur des ados dépend de la pente et des matériaux dont on dispose pour les terrassements. Avec la diminution de la pente, les ados s'abaissent, exigent d'autant moins de terrassement et couvrent d'autant plus de longueur.

Quand la pente est très-considérable dans le sens des ados, on doit les faire d'autant plus courts et les placer en étages (§ 140 et *fig.* 44).

Par exemple, si avec une pente de 2 p. 100 on veut établir des ados de 60 mètres, il faut au pignon un remblai de $1^m,20$, et au milieu, de $0^m,60$, tandis que si on divise les ados en quatre étages, chaque pignon n'est surélevé que de $0^m,30$.

Avec une pente de 1 p. 100, le pignon d'un ados de mêmes dimensions aurait $0^m,60$ de haut, et si les matériaux manquaient pour la construction d'un seul étage de $0^m,60$ de hauteur au pignon, il suffirait de deux étages de $0^m,30$ chacun.

162. La largeur des ados est subordonnée à la pente. Plus la pente est forte, en restant cependant dans les limites indiquées [143], plus les remblais augmentent avec elle et plus les ados peuvent être

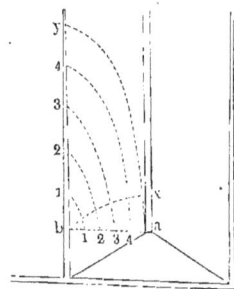

Fig. 50.

larges sans nuire à l'irrigation, car dans ce dernier cas les deux flancs seront irrigués chacun par une rigole. Dans le cas opposé on augmente la pente relative par des ados étroits.

Si l'on se figure un ados (*fig.* 50) dont la hauteur moyenne soit de $0^m,30$, et la largeur de 6 mètres pour chaque planche, la pente relative sera de 5 p. 100; comme la rigole de colature a elle-même 2 p. 100, chaque planche aura une surface gauche, car les horizontales, également espacées sur la ligne *ab*, iront aboutir sur la ligne *by* à des points éloignés dans le rapport de 2 à 5; l'eau, au lieu de couler perpendiculairement d'une colonne à l'autre, coupera ces lignes (ponctuées sur la figure) à angle droit, et par conséquent la planche suivra une direction oblique. Ceci prouve que, par le système des ados, on peut utiliser la pente d'un terrain à un double point de vue.

163. La rigole de distribution qui donne l'eau aux ados est hori-

zontale; elle court le long de la digue du canal d'amenée, et fournit
l'eau aux rigoles de déversement, qui peuvent venir s'embrancher
sur ce canal (*xx''*, *fig.* 51) sous un angle quelconque.

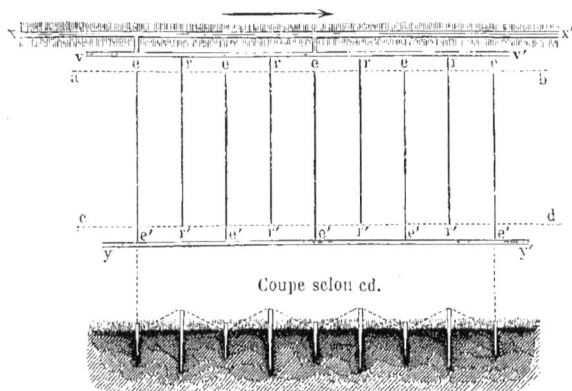

Coupe selon cd.

Fig. 51.

Pour le tracé des ados naturels, on établit deux bases parallèles
ab et *cd*, perpendiculaires à la direction des ados, et passant, l'une
par la naissance des rigoles de colature, l'autre par le pignon des
ados; on indique la largeur totale des ados ou l'espacement des
rigoles de colature par des piquets.

On donne aux piquets des pignons la hauteur du canal d'amenée,
et on emploie à former le commencement des ados les matériaux
provenant des rigoles de colature. Il est inutile de laisser au fond
des rigoles de colature la pente naturelle du terrain; on peut
même les creuser, tant que cela est praticable, les établir presque
horizontalement, afin d'avoir assez de matériaux à proximité, et si
les ados n'ont pas dès les premières années une forme régulière et
symétrique, ils l'acquerront peu à peu à l'aide de la terre qu'on
retire des fossés (§ 140, *fig.* 43).

On doit avoir soin en outre de ne jamais placer les buses de
prise d'eau vis-à-vis des ados, mais dans l'intervalle de deux rigoles.

**164. Avantages et applications diverses des ados natu-
rels.** — Ce système est d'une application très-fréquente et peut
convenir dans des situations très-différentes; il est généralement
préférable à celui des ados perfectionnés, beaucoup plus coûteux

et plus difficiles à établir et à entretenir. Le principal avantage de
l'ados naturel est de pouvoir être établi avec une pente insuffi-
sante pour les irrigations à planches inclinées [137], le minimum
de celles-ci variant de 2 à 4 et même 6 p. 100.

Même avec une pente de 4 p. 100, on peut ne pas réussir en
établissant des irrigations en pente naturelle dans des prés humides
dont le sol contient des oxydes de fer. Il est alors bien plus sûr de
construire des ados naturels, quoiqu'on ait rarement une quantité de terre assez grande pour pouvoir élever tout de suite les
étages à la hauteur qu'exige une pente aussi forte.

Quand on a choisi la construction en étages, on peut faire les
ados aussi longs que la situation et la délimitation de la prairie le
permettent [149], car, au lieu d'une simple rigole de déversement,
on trace sur chaque ados en rapport avec la surface à irriguer une
rigole qui elle-même alimente les rigoles secondaires de déversement [145, *fig.* 45].

La largeur des ados ainsi construits est, il est vrai, plus limitée
que leur longueur ; mais elle peut toujours, avec une pente suffisante, avoir de 9 à 12 mètres, parce que les ados peuvent être transformés par la suite en une simple pente à rigoles de niveau.

Cette largeur facilite sensiblement les travaux de la récolte, et
offre tout avantage sur les rigoles de colature multipliées, qui,
jusqu'alors, sillonnaient les prés en ados étroits ; les propriétaires
auxquels l'auteur a conseillé ou chez lesquels il a fait établir ce
système n'ont eu qu'à s'en louer.

Le rapport des frais au résultat est très-avantageux, le desséchement reçoit une forte extension et, outre le bon emploi de la pente,
on utilise pour le perfectionnement successif des ados les terres provenant de l'entretien des prés.

Un exemple va le démontrer :

165. Une prairie marécageuse par suite du flux de l'eau et de
l'absence des fossés (*fig.* 52) doit être assainie et disposée en ados
naturels, le cours d'eau qui la longe étant situé assez haut pour
envaser toute la surface à chaque débordement.

Comme le montrent les horizontales, une dépression du terrain
dans la direction *nn'* devait engager à y établir un nouveau lit pour
le cours d'eau (1).

(1) Des projets basés sur une situation analogue ont déjà coûté des milliers de francs
à bien des propriétaires. De semblables translations de cours d'eau ne devraient être
exécutées qu'avec la plus grande prudence et après les études les plus sérieuses.

Le calcul des frais, l'augmentation de la pente du lit rectifié,

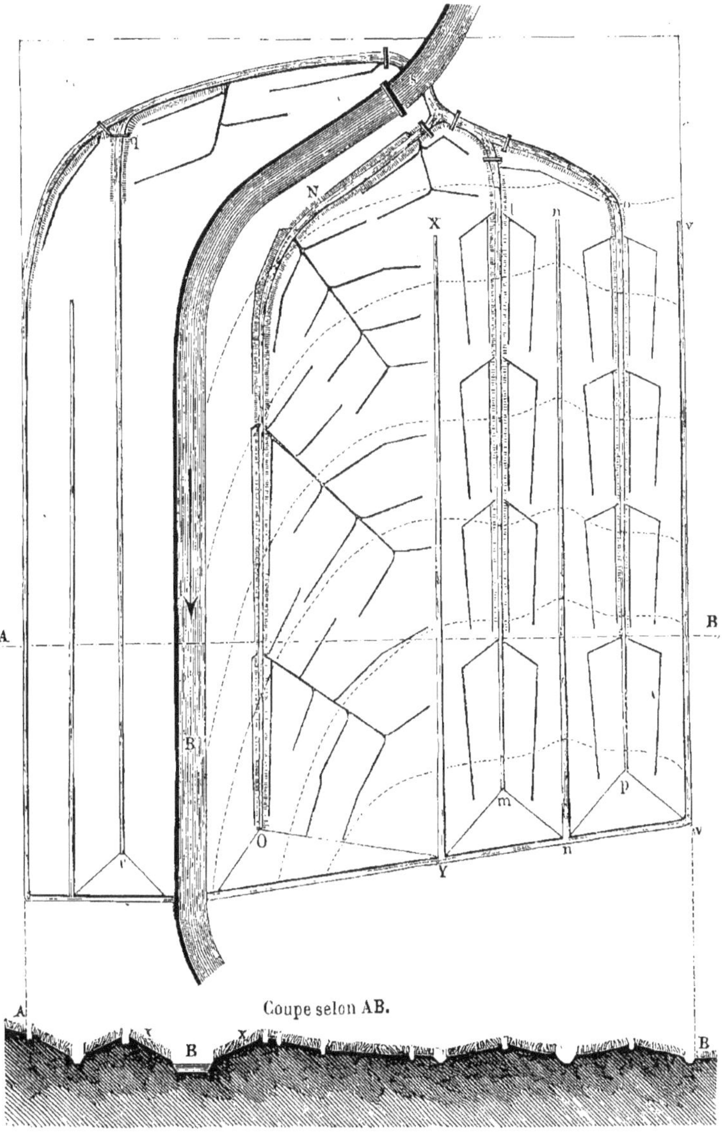

Coupe selon AB.

Fig. 52.

et le principe qu'il ne faut pas abaisser sans nécessité le niveau de l'eau à employer firent renoncer à ce projet.

On établit un canal de décharge *nn'* à talus très-plats, à base triple, gazonnés, pouvant être fauchés quoique profonds; pour utiliser les déblais, on établit à droite et à gauche de ce canal les ados *lm* et *op* avec les deux rigoles d'écoulement *xy* et *vw* pour assécher le marais et emmener l'eau d'irrigation d'une part, et en second lieu utiliser la terre qu'on avait sous la main.

Comme le montre le rapprochement des courbes à proximité du cours d'eau, la pente étant plus forte permettait d'y établir le système en plans inclinés à rigoles horizontales.

Mais si, au delà de la ligne *ml*, le terrain était encore marécageux et présentait trop peu de pente pour ce système, il suffisait d'y établir un second ados semblable au premier. C'est ce qu'on n'a pas fait : le terrain destiné à l'irrigation en plan incliné eût été rétréci et la pente relative augmentée, et l'on s'y prit d'une autre manière. A une distance convenable du cours d'eau, on établit à gauche un canal principal d'amenée NO et à droite un ados *qr* prenant leur eau au point *s* où est construite l'écluse de fond.

On obtint par là, outre l'augmentation de la pente des surfaces irriguées, l'endiguement artificiel du cours d'eau qui est une défense contre les dégâts des grandes crues.

La figure 53 montre l'état des lieux avant et après les travaux.

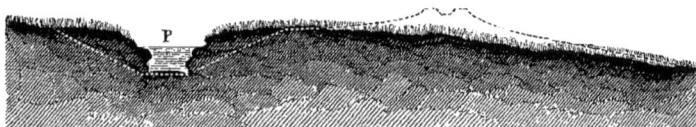

Fig. 53.

Les berges remplies d'érosions ont été transformées en talus à bases de deux à trois fois la hauteur, garnis de gazon, et la terre qui pouvait être jetée à la pelle a servi à la construction des ados voisins.

166. Les résultats de ce projet bien étudié ont été la rectification du cours d'eau, la création d'un lit suffisant pour les grandes crues, l'endiguement du canal d'alimentation, l'augmentation de la pente relative et le terrassement de certaines parties.

De plus amples explications seraient superflues pour faire comprendre que le système d'ados en étages très-longs était le seul qui pût donner tous ces avantages avec des frais relativement très-insignifiants. Comme le montre la coupe de la figure 54, la partie du pré à gauche du cours d'eau n'est en réalité qu'un ados à flancs de largeurs inégales irrigué comme les plans inclinés.

167. Dans la construction des ados naturels on ne touche au gazon que dans le cas où il faut le surélever de 0^m,15 pour la formation du principe de l'ados. Le gazon couvert d'une légère couche de terre repousse facilement, ou peut du moins être ressemé. Les plantes enfouies agissent sous la terre avec des vertus fertilisantes, et l'on ne tarde pas à voir sortir une herbe nouvelle et luxuriante, quoiqu'au commencement le manque de gazon empêche d'arroser la prairie. Il faut seulement remplir d'eau les rigoles, afin d'obtenir par infiltration l'humidité favorable à la germination des graines.

168. Ce système permet d'établir des ados d'une longueur quelconque en les divisant en nombreux étages horizontaux, en rapport avec les matériaux et la pente dont on dispose; il n'est pas indispensable de les établir parallèlement à la plus grande pente, et ils peuvent être placés soit perpendiculairement soit obliquement par rapport à celle-ci, pourvu qu'elle ne soit pas trop forte.

On pourra dans ce dernier cas établir un des flancs de l'a-

Fig. 54.

dos sur une plus faible largeur que l'autre, afin de leur donner respectivement la même pente relative, comme le montre la figure 54.

169. **Reconstruction perfectionnée des prés.** — Il faut étudier le projet de reconstruction d'une prairie avec d'autant plus de soin et de coup d'œil pratique que la surface est plus grande, la pente plus faible et les terrassements à exécuter plus considérables; ceux-ci exigent de fortes dépenses, qui ne doi-

vent pas cependant dépasser les limites du rendement probable [134].

La règle principale de ces opérations devrait toujours être d'exécuter des travaux non-seulement appropriés aux circonstances, mais encore peu dispendieux et, s'il se peut, agréables à l'œil.

Quand on voit les immenses travaux de terrassements faits à l'occasion de réunions parcellaires de prairies, et qu'on eût pu diminuer considérablement par une meilleure étude du terrain, on déplore le gaspillage de main-d'œuvre et de capital par lequel on a acheté ces améliorations.

170. Quand on a fait son plan [146 à 152], quand on a indiqué par conséquent les canaux principaux, et décidé le système à adopter, on s'occupe du tracé sur le terrain et du calcul des déblais et remblais.

On doit avoir particulièrement soin de placer la crête des ados à 0m,15 au minimum en contre-bas du fond des canaux principaux de dérivation, à moins qu'on ne puisse donner aussi aux canaux adducteurs une élévation en rapport avec l'élévation naturelle des ados (1).

171. Tracé du système en plan incliné perfectionné. — Cette méthode de reconstruction peut être suivie de deux manières différentes, suivant que la ligne de plus grande pente est diagonale ou bien parallèle ou perpendiculaire à l'axe du pré.

Pour cette dernière forme, on nivelle une ligne horizontale *ab* (*fig.* 55) à 0m,15 en contre-bas du canal AB.

Si cette ligne rencontre une différence de pente de 0m,18, et que par conséquent le piquet *b* se trouve de cette hauteur au-dessus du sol, il devient nécessaire d'enfoncer les piquets de façon à obtenir une ligne horizontale comme celle qu'on voit sous *ab*, de manière à ce que le déblai en *a* puisse combler le remblai en *b*.

Nous ferons remarquer ici le foisonnement qui se produit dans tous les sols, excepté dans le sable; l'augmentation de volume est d'autant plus grande que la terre est plus forte (2).

---

(1) Par suite des dépôts successifs, cette augmentation insensible a forcé à reconstruire les prés de Siegen au bout d'une période de vingt à trente ans; car des usines situées en amont ne permettaient pas d'élever la ligne de flottaison.

                                        (*Note de l'auteur.*)

(2) Dans la marne sablonneuse (*lchm*), ce rapport est de $\frac{3}{4}$ et de $\frac{5}{7}$, c'est-à-dire que

172. Après avoir indiqué de cette manière l'un des côtés du plan incliné, on détermine la hauteur du côté opposé au-dessus du cola-

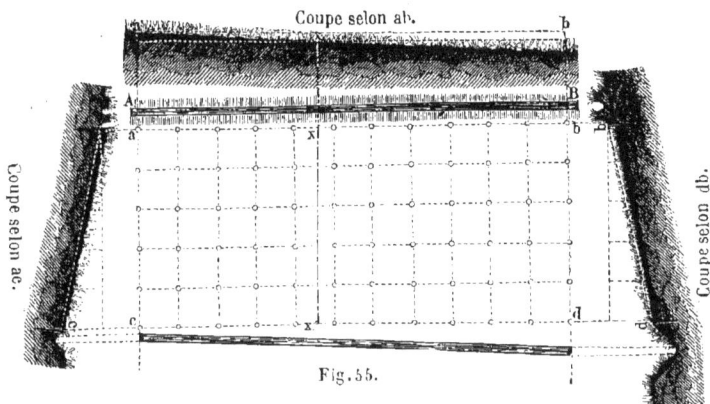

Coupe selon ab.

Coupe selon ac.

Coupe selon db.

Fig. 55.

teur *cd* (*fig.* 55) en abaissant sur *ab* des perpendiculaires ayant 4, 5 ou 6 p. 100 de pente; de cette manière on trouve la pente minimum [141]. Au piquet *d* on transporte la hauteur du piquet *c;* on détermine ensuite les points intermédiaires écartés de 3 mètres, et on obtient un réseau de points dont la distance au sol doit être mesurée; on marque cette distance avec le signe $+$ ou le signe $-$ suivant que les points tombent au-dessus ou en contre-bas du sol.

La somme des premiers, comparée à celle des autres, indique, en tenant compte toutefois du foisonnement, s'il manque de la terre ou si elle est en excès.

Dans le cas où le déblai ne couvre pas le remblai, on abaisse tous

les déblais doivent être dans ces rapports avec les remblais. Soit, comme dans l'exemple précédent, une somme de $0^m,18$; le calcul donne :

$$(5 + 7) : 7 = 0,18 : x; \quad \text{d'où } x = \frac{1,26}{12} = 0^m,105 \text{ de remblai,}$$

et

$$12 : 5 = 0,18 : x; \quad \text{d'où } x = \frac{0.90}{12} = 0^m,075 \text{ de déblai.}$$

Pour le rapport de $\frac{3}{4}$, on aura :

$$7 : 4 = 0,18 : x = \frac{0,72}{7} = 0^m,103 \text{ de remblai,}$$

$$7 : 3 = 0,18 : x = \frac{0.54}{7} = 0^m,077 \text{ de déblai.}$$

Dans les terres argileuses, l'augmentation de volume est de 0,5 à 0,6. Des terres plus compactes encore ne permettent pas la reconstruction des prés.

les points, excepté ceux du haut, et on établit un nouveau plan (1).

173. Si le déblai est plus grand que le remblai, on diminue la

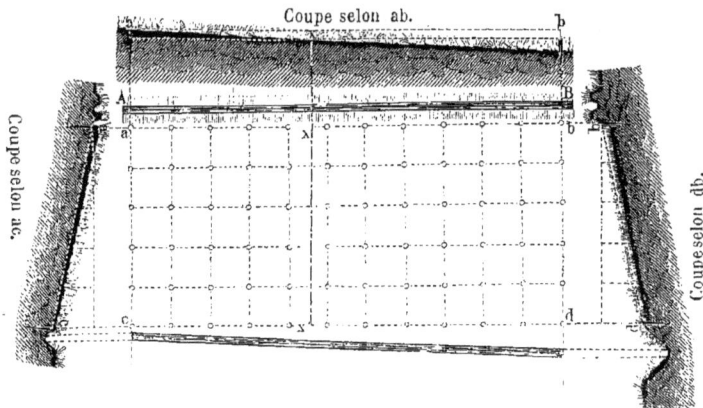

Fig. 56.

pente en tant que cela est possible et avantageux, ou bien on élève
la ligne ab.

---

(1) EXEMPLE : Supposons que 15 points (de a à p) aient été déterminés, comme il est dit plus haut, sur la surface à reconstruire, et que l'on ait obtenu les résultats suivants :

a	=	— 0^m,30		
d	=	— 0^m,24		
e	=	— 0^m,06		
g	=	— 0^m,09		
k	=	— 0^m,06		
m	=	— 0^m,09		
u	=	— 0^m,06		
o	=	— 0^m,27		
		— 1^m,17		

b	=	+ 0^m,09
c	=	+ 0^m,15
f	=	+ 0^m,03
h	=	+ 0^m,15
i	=	+ 0^m,03
l	=	+ 0^m,21
p	=	+ 0^m,03
		+ 0^m,69

Pour les 8 points — on a 1^m,17 de remblai, ou en moyenne chaque point est à 0^m,146 ; et pour les 7 points + on a 0^m,69 de déblai, ou en moyenne chaque point est à 0^m,099.

Pour établir une surface également inclinée, et si à chaque point reviennent 25 mètres carrés (à une distance de près de 5 mètres les uns des autres), alors le remblai des 8 points s'élèverait à $8 \times 25 \times 0,146 = 29^{mc},2$, et le déblai à $7 \times 25 \times 0,099 = 17^{mc},25$, approximativement, parce qu'on a négligé les petites inégalités entre les pieux.

Si l'on admet un foisonnement de 0,4, il suffirait alors d'un déblai de 17^{mc},25 pour un remblai de $17,25 \times 1,4 = 24^{mc},15$.

Il ne manque donc que $29,2 — 24,15 = 5^{mc},05$.

Pour combler ce déficit, il faudrait encore aux fossés de desséchement abaisser les pieux de l'épaisseur d'un fer de bêche ; la surface carrée étant égale à la surface de

Pour de très-petites surfaces on peut enlever la terre ou établir des étages inclinés [175].

Si la ligne *ac* (*fig.* 56), a·15 mètres de long, le point *c* (pour une pente de 4 p. 100) sera au moins à 0^m,60 en contre-bas du point *a*; mais si la pente naturelle n'est que de 0^m,40, la tête du piquet *c* sera enfoncée de 0^m,15 dans le sol, et la terre extraite suffira pour remblayer de 0^m,21 vers le point *d*.

Sur la ligne *xx'*, qui resterait de niveau si la prairie était plane, on fera un déblai à gauche et un remblai à droite.

Par cette forme de plan incliné, il se produira sur la ligne *cd* un talus qui doit être confondu avec celui du fossé de colature; par conséquent, pour que ce dernier conserve sa pente uniforme, il doit être plus prononcé en *d* qu'en *c*.

Les rigoles de déversement sont tracées parallèlement à *ab* et *cd*.

174. Tandis que précédemment, dans la formation d'un plan incliné, la ligne de plus grande pente était dans le sens de la largeur, elle sera maintenant en diagonale, c'est-à-dire que ce sera une pente en long et en large dont la résultante se trouvera en diagonale.

Il est clair que dans ce cas on pourra éviter le transport de terre d'un côté du pré à l'autre, et qu'il suffira d'égaliser les petites proéminences et dépressions, ce qui, à moins de sols par trop inégaux, peut être exécuté au moyen d'un simple labour.

Le tracé aura lieu comme précédemment, avec cette seule différence que les lignes *ac* et *bd* (*fig.* 57) seront divisées en un nombre de parties égales proportionnelles à leur longueur.

Dans ce cas la pente du colateur ne sera pas indiquée par son talus, mais par l'inclinaison du pré.

Pour la détermination des déblais et remblais, on opère comme il est dit [173]; on trace d'abord la diagonale, en inclinant plus ou moins la surface sur son axe relativement aux mouvements de terrain et aux pentes à adopter comme maximum et minimum.

Les rigoles de distribution seront tracées suivant la ligne de plus grande pente; celles de déversement formeront des angles droits

la prairie ou 375 mètres carrés, le cube s'élèverait à 5^{mc},05. L'épaisseur, dont les pieux doivent être enfoncés dans les fossés, se trouve, par suite du foisonnement, divisée par la surface $= \frac{2 \times 5,05}{375} = \frac{10,10}{375} = 0^m,026.$

On néglige l'excédant de volume produit par le foisonnement, et la quantité qui reste peut être employée à recouvrir le gazon après qu'on a nivelé la surface.

avec celles-ci, et seront par conséquent en biais avec la surface du
pré. Comme le canal de dérivation AB ne peut pas suivre naturel-

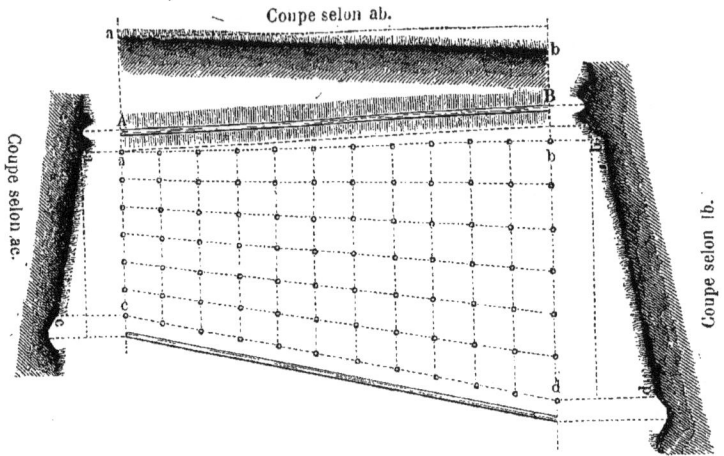

Fig. 57.   t

lement la pente du terrain [79], on le dispose en étages, et la première rigole horizontale de déversement est tracée au pied de son
endiguement. Cette seconde forme de plan incliné se recommande
moins par la symétrie que par le peu de frais d'établissement qu'elle
exige, et la manière dont on peut l'approprier aux localités.

175. Une troisième forme de plan incliné qui se rapporte à la
première [171] peut être appliquée là où la pente n'étant que de
2 à 3 p. 100, les ados sembleraient indiqués.

On établit alors des plans inclinés qui doivent être considérés
comme demi-ados, car chacun d'eux a sa propre rigole de déversement et de colature.

La ligne ponctuée AB (*fig.* 58) montre la surface naturelle dans

Fig. 58.

la coupe d'un terrain qui n'a que 3 p. 100 de pente sur une longueur de 36 mètres ; pour y obtenir la pente nécessaire de 5 p. 100,

on a partagé la surface en trois compartiments larges de 12 mètres, chacun avec une pente de 3 p. 100, et on a établi en *e, e, e* des rigoles de colature à talus inclinés garnis de gazon presque jusqu'à la base. Avec la terre qu'on en a retirée, on a endigué le canal d'alimentation B et les rigoles de déversement *c, c*, de 0^m,12 à 0^m,14 environ.

Si la terre manque, on en obtient en abaissant chaque planche à son flanc inférieur.

La pente naturelle s'augmente de la quantité de déblais et de remblais opérés, et peut être facilement portée jusqu'à 5 p. 100 et plus.

L'alimentation des rigoles a lieu, comme le montre la figure 59,

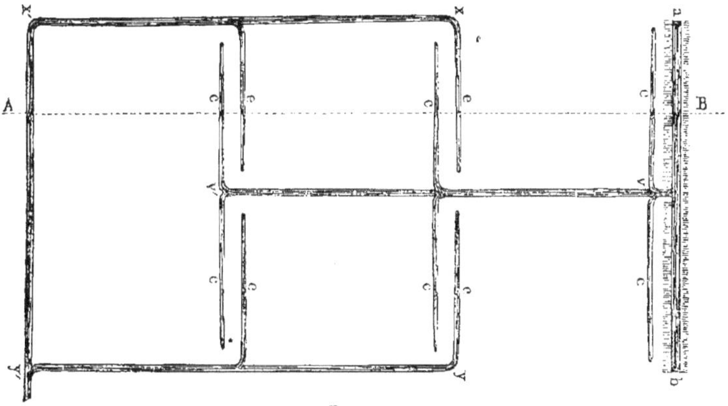

Fig. 59.

par la rigole de distribution *vv'*; l'écoulement de l'eau qui a servi se fait par les rigoles de colature *e, e, e, e* et au moyen de rigoles de communication *xx', yy'*, qui vont rejoindre le colateur principal *x'y'*.

176. Les principaux avantages de ce système sont :

1° La possibilité de fournir de l'eau nouvelle à chaque compartiment ;

2° Un égouttement énergique ;

3° Le produit à égale qualité d'eau est plus grand que sur d'autres plans inclinés, où la même eau tombant d'un compartiment à l'autre, les parties inférieures des prairies ne reçoivent que de l'eau complétement dépouillée de principes fertilisants.

Que, dans le dernier cas, la dépense d'eau soit beaucoup moindre, ce n'est qu'un avantage relatif, qui peut être apprécié quand l'eau manque et lorsqu'on est réduit à la faire servir plutôt pour l'humectation que pour l'amendement.

En écartant la rigole de colature du premier plan incliné de la rigole de déversement du second, et ainsi de suite, on se rapproche du système d'ados à flancs inégaux décrit [168], avec cette différence cependant qu'on n'obtient ceux-ci que par transformation successive, tandis que ceux-là sont construits par déblais et remblais immédiats et complets.

177. Tracé des ados perfectionnés. — Comme dans le système à plan incliné, le tracé des canaux de dérivation et de décharge doit être le premier travail, et même, dans les prairies humides ou marécageuses, il faut se hâter d'établir les canaux afin d'égoutter le terrain.

Le fond du canal d'alimentation indique la situation des rigoles de chaque ados [170]. Les rigoles de colature doivent être placées de façon à ne pas subir le reflux du canal de décharge. On désigne ensuite la délimitation par série des ados, qui doivent être irrigués en même temps par la même rigole de distribution ; car plus le canal principal a de pente, moins on peut établir de planches d'ados sous la même horizontale.

La terre nécessaire à la construction des ados et de leurs pignons est prise sur les flancs, au bord des rigoles de colature, qui elles-mêmes auront une certaine pente.

La profondeur des rigoles de colature de séparation se fixe, tant par la pente qui leur est nécessaire que par la hauteur que doivent avoir les ados, en tenant compte toutefois du foisonnement de la terre.

178. Pour une surface de $3^m,50$ de largeur (*fig.* 60), présentant $0^m,30$ de pente à partir de la rigole de distribution jusqu'à celle de colature, les ados à établir présenteront à leurs pignons d, d' un remblai de $0^m,30$.

La terre nécessaire sera enlevée en c, près de la rigole de colature, qui ne commence qu'à une distance de $1^m,50$ de la rigole de distribution et forme ainsi une sorte de pignon concave $ac'a$ correspondant au pignon convexe gdg.

La profondeur à laquelle doit être la tête du piquet en c est [171] $0^m,21$ en contre-bas du sol, et il reste encore $0^m,90$ de pente à la rigole de colature, ce qui, pour une largeur de $28^m,50$, suffit, d'autant plus que cette rigole sera creusée dans le sol.

La figure 60 montre par sa coupe dd' le remblai en d, et par sa coupe cc'', le déblai en c.

La terre ameublie de la coupe *gdg* sera équivalente aux déblais du profil *a'c'a''*, etc., ou à peu près.

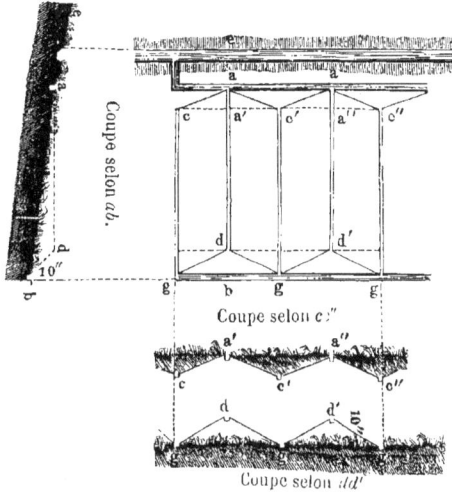

Fig. 60.

Du reste, un transport de terre d'un ados à l'autre pourra être rarement évité, à cause des inégalités du sol.

Dans les marnes sablonneuses, où le foisonnement du sol est faible, on aurait été forcé de baisser encore en *c* la rigole de colature, de l'établir même presque de niveau ou de ne donner que 0^m,24 au pignon, afin d'avoir assez de matériaux.

179. La largeur et la longueur des ados perfectionnés est déterminée dans les paragraphes 143 à 145 ; pour le tracé exécuté, on peut se reporter au paragraphe 163, figure 51.

Comme la longueur des ados ne doit pas dépasser 24 à 30 mètres, et qu'ordinairement les prairies ont une plus grande étendue, il sera nécessaire de placer plusieurs étages d'ados l'un au-dessus de l'autre. Chaque étage exigera un canal d'alimentation, si l'irrigation ne peut se faire qu'avec de l'eau qui n'a pas encore servi.

On n'emploie qu'au pis aller le système d'irriguer directement les étages inférieurs avec l'eau qui a servi plus haut, et, dans ce cas, les rigoles de déversement des étages inférieurs doivent être

9

assez basses pour qu'il ne se forme pas de reflux dans les rigoles de
colature des étages supérieurs.

On comprend que, par cette accumulation de canaux d'alimentation et de colature, beaucoup de pente est dépensée en pure perte
pour le pré.

Cet inconvénient est évité au moyen des ados en étages décrits
précédemment [164], et ce système peut aussi être pratiqué pour
les ados perfectionnés, en tant que les matériaux le permettent.

Ces ados en étages admettent aussi l'établissement de rigoles en
pattes d'oie ou par razes d'Hügelgräben, *o, o, o* (*fig.* 61), qui, pre-

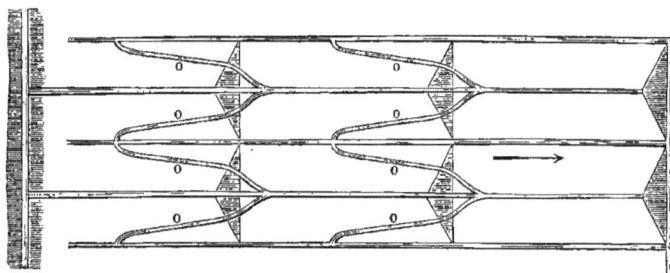

Fig. 61.

nant dans les colateurs l'eau qui a déjà servi dans les étages supérieurs, la ramènent au sommet de l'étage inférieur, ce qui permet
son emploi subséquent.

180. Ce système présente en outre l'avantage de pouvoir se passer des chemins de récolte, que rend indispensables l'emploi des
petits ados exécutés sur de grandes surfaces [145].

Ces chemins s'établissent ordinairement le long des pignons des
ados étroits, sous forme d'un plan légèrement incliné, qui reçoit,
par les rigoles de déversement des ados prolongées, l'eau fraîche
distribuée ensuite sur la surface par de petites rigoles horizontales.

On peut cependant se dispenser complétement de ces chemins
dans les prairies établies suivant le système dit par construction
compliquée (en allemand, *zusammengesetzten Bau*).

181. Tracé du système par construction compliquée.
— En général, les principes indiqués ci-dessus pour le système
à plans inclinés et pour le système à planches en ados trouvent ici
leur application.

Il se présente deux cas : le plan incliné est en amont ou en aval des ados, ou bien les ados et les plans inclinés sont alternés.

Dans ces différents cas, un emploi répété de l'eau est très-facile, car là où on peut mettre des plans inclinés, il y a toujours plus de pente que là où on ne peut établir que des ados; et, de plus, les ados sont sur des terrains plats, dont l'eau stagnante est souvent chargée d'oxydes de fer et plus nuisible qu'utile pour un fréquent usage.

Ce système, outre les avantages et la facilité qu'il offre pour l'irrigation, l'entretien des prés et la récolte, se recommande particulièrement par l'économie de l'eau, considération bien plus importante dans les contrées morcelées et industrielles du sud de l'Allemagne que dans les grandes propriétés du nord.

Il y a en effet partout des localités où il est plus avantageux d'employer, pour l'arrosage répété de grandes surfaces, la petite quantité d'eau dont on dispose, que de ne pas s'en servir du tout ou seulement sur des surfaces restreintes.

182. Exécution de la reconstruction des prés. — Les travaux qu'on exécute dans les prés ont pour but le nivellement du sol et l'établissement de fossés.

Nous avons indiqué [147] les instruments qu'on doit employer.

L'habitude seule peut rendre les ouvriers assez habiles pour faire de beaux travaux à bon marché.

Un autre point important est l'époque des travaux.

Les travaux qui ne comportent pas de terrassements de la prairie même peuvent être exécutés au printemps, à l'automne, et pendant des hivers doux, sans nuire à la récolte.

Dans la reconstruction de prés perfectionnés, les mouvements considérables de terre demandent un temps sec et persistant; l'époque la plus convenable aux travaux est après la récolte du foin, dût-on même perdre le regain.

Pour des travaux d'une grande étendue, on devra sacrifier la récolte complète d'une année.

Il faut, autant que possible, commencer par les parties les plus mauvaises de la prairie, et ne passer que plus tard aux meilleures, sans pour cela s'écarter du plan général des travaux à exécuter.

183. Travail du gazon. — On doit mettre tous ses soins à la conservation du gazon, car de son remplacement dépendent le prompt rétablissement, le rendement et l'état normal du pré.

Aux endroits où il faut que le gazon soit enlevé, on pratique cette opération au moyen de la pelle de Siegen ou de l'écobue, qui a une largeur de 0ᵐ,05 à 0ᵐ,06 (1).

A l'automne, les gazons ne reprenant plus et pouvant être gâtés par la gelée, on leur donne plus d'épaisseur ; pendant la saison chaude, ils peuvent rester minces.

Les racines coupées et raccourcies des herbes se développent promptement, et le gazon reprend ausssitôt.

Le gazon pris sur des places sèches s'émiette facilement, tandis que celui qu'on lève dans des prairies humides est très-résistant. D'après ces considérations, on fixera l'épaisseur du gazon, en ayant soin de la conserver exactement, afin d'obtenir une surface bien plane dans l'opération du replacement.

184. D'après leur forme et leurs dimensions, on distingue les gazons carrés et les gazons roulés.

Les gazons carrés sont partagés en plaques dont la dimension est en rapport avec celle des outils ; les gazons roulés se lèvent en bandes de 0ᵐ,24 à 0ᵐ,27 de large sur 2 mètres de long. On les roule sur un bâton pour augmenter leur longueur, mais il faut pour cela du gazon très-solide.

Les gazons roulés ont surtout pour avantage de pouvoir être facilement replacés.

On peut encore procéder de cette manière pour le revêtement des canaux à talus inclinés et des ados naturels.

La figure 62 indique la manière d'opérer lorsqu'on veut construire un fossé. Dans son axe, on sépare les deux côtés de bandes suivant la ligne *ab* ; ces bandes sont ensuite découpées perpendiculairement, puis roulées en *c*. Le fossé est creusé à la profondeur voulue, et il ne reste plus qu'à laisser les bandes se dérouler jusqu'au fond, en restant attachées au pré par leur extrémité supérieure. Elles sont ainsi moins exposées à être entraînées par le courant que les plaques carrées de gazon, qui doivent toujours être maintenues au moyen de petits piquets.

185. On peut aussi adopter cette pratique pour l'établissement des ados naturels, surtout aux endroits qui doivent être recouverts

(1) Cette opération, particulièrement avec la charrue à vis de Hohenheim, procure une économie considérable pour des travaux simples sur de grandes surfaces. Elle rend aussi de grands services dans la construction des ados pour établir un grand nombre de fossés sur de mauvais gazons. (*Note de l'auteur.*)

de 0ᵐ,15 de terre au moins; le gazon roulé de cette manière est facilement replacé sur le remblai.

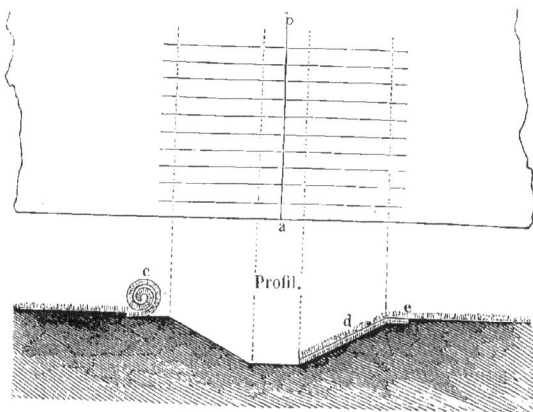

Fig. 62.

On trace la ligne médiane de chaque ados *ab* (*fig.* 63), et on continue l'opération comme au numéro précédent, en roulant tou-

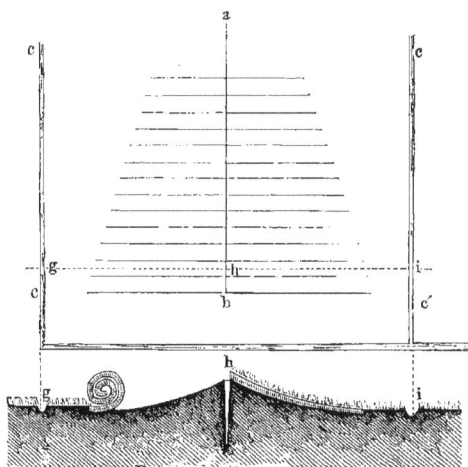

Coupe selon *ghi*.
Fig. 63.

tefois une moins grande largeur de gazon à la naissance qu'au pignon des ados.

Cette méthode est la transition des ados naturels aux ados perfectionnés ; elle se trouve aussi placée entre ces deux systèmes pour le prix de revient. Elle est moins coûteuse que le dernier et plus chère que le premier.

186. Travaux de terrassement. — L'ingénieur expérimenté réduira autant que possible les mouvements de terrain, ce qui, avec une certaine expérience et des plans bien établis, ne présente pas une grande difficulté.

Il observera les règles suivantes :

1° Ne jamais enterrer profondément la première couche du sol située sur le gazon [16] ;

2° Éviter autant que possible les déblais considérables, car on remarque pendant longtemps à ces endroits une croissance plus faible de l'herbe, tandis que, sur un remblai de gazon et de terre végétale, l'herbe croît incomparablement mieux presque sans irrigations ou amendement. Le principe des ados naturels repose en partie sur cette circonstance ;

3° Organiser le travail de manière à opérer les terrassements à la pelle ou à la bêche, en évitant, autant que possible, les grands transports de terre ;

4° Laisser la terre dans son état d'ameublissement jusqu'à $0^m,30$ de profondeur, et ne damer que le sous-sol dans les remblais plus élevés ;

5° Laisser quelque temps à découvert les sols marécageux contenant des oxydes de fer, mais recouvrir tout de suite les terres de bonne nature (1) ;

6° S'arranger de manière à avoir plutôt de la terre en moins qu'en excès, car il est plus facile d'en apporter que de la ramasser en couche mince sur une grande surface, de la mettre en tas et de l'emporter ensuite ;

7° Commencer simultanément les travaux de déblais et de remblais pour opérer l'échange des masses de terre.

187. Il ne faut pas baser les terrassements uniquement sur le calcul des déblais et remblais, mais il faut s'appliquer aussi à les estimer à vue d'œil.

Par l'habitude, on arrivera à juger sûrement des masses de terre à remuer, et à pouvoir corriger les hauteurs pendant le travail, sans pour cela déranger les plans.

(1) En transportant du gazon aigre sur un sol sec, et *vice versâ*, on assure une prompte transformation des herbes.   (*Note de l'auteur.*)

Qu'on veuille bien songer que l'abaissement ou l'élévation de $0^m,03$ sur une surface de 90 mètres carrés, produit un cube de $2^{mc},70$ en plus ou en moins, représentant le chargement de 75 à 80 brouettes.

Il faut que les piquets dépassent le sol de toute l'épaisseur du gazon qui le recouvrira.

On place le gazon aussi serré que possible, puis on l'unit au moyen de la batte, après avoir répandu de la terre fine sur les joints.

188. Une méthode particulière pour niveler les prés consiste à y faire arriver des terres au moyen de l'eau qui sert de force motrice : c'est le colmatage.

Distribuer la terre selon sa qualité est difficile ; on ne peut donc la couvrir de gazon qu'après y avoir amené par d'autres moyens une couche de bon terrain.

Les argiles compactes ne se laissent pas traiter par cette méthode ; la terre marneuse, au contraire, l'accepte d'autant mieux qu'elle est plus fine, que la masse d'eau est plus considérable, et que la pente suivie par l'eau chargée de terre est plus forte.

On conduit l'eau au versant d'où la terre ameublie est entraînée, et, au moyen d'un endiguement artificiel en fascines, elle va déposer les terres à leur destination.

De cette manière on peut recharger les places marécageuses d'une vallée dominée par un cours d'eau, et la transformer en pré à fort peu de frais.

Suivant les circonstances, ces places sont recouvertes de gazon ou cultivées et fumées pendant quelques années.

CALCUL DES FRAIS.

189. L'estimation de l'établissement des prés irrigués embrasse les chapitres suivants :

Travail du gazon ;
Terrassement ;
Établissement des canaux ;
Nivellement du sol ;
Construction des barrages et écluses.

De cet ensemble ressort facilement le prix de revient par hectare des constructions naturelles et artificielles. Cependant il est utile et même nécessaire de consacrer encore un sixième chapitre aux soins de surveillance et aux dépenses imprévues.

Les travaux sont exécutés à la journée ou à la tâche. Quant aux terrassements et à l'égalisation du sol, ils ne peuvent être faits de cette dernière manière qu'à la condition d'une surveillance très-sévère ; autrement il est à craindre qu'on n'enfouisse la terre végétale et qu'on ne place les gazons sur un fond stérile.

Pour des travaux donnés à la tâche, on doit stimuler l'association entre les ouvriers, qui les rend solidaires, et tâcher de fixer une limite de temps pour l'exécution.

Comme le prix des journées d'ouvriers, et par conséquent celui des tâches, varient beaucoup selon les pays et les saisons, les tableaux qu'on verra plus loin ne peuvent donner qu'une moyenne pour le travail d'une journée de dix heures.

Naturellement le degré d'habileté, de force, l'appât d'un gain élevé, la nature des outils, du sous-sol, et la saison influent sensiblement sur le travail journalier d'un homme.

190. Travail du gazon. — De même qu'il y a des gazons ou secs, ou humides, ou marécageux, et que le sol où ils poussent est de nature très-différente, de même la journée de travail d'un bon ouvrier sera très-variable.

a L'enlèvement et la mise en tas du gazon, y compris sa division, peuvent être estimés en moyenne à une surface de 125 à 250 mètres carrés pour un homme. Si les gazons sont enlevés au moyen de l'écobue, le travail peut être augmenté d'un quart ou d'une demie, parce que les gazons sont minces et inégaux.

b Le replacement du gazon, suivant qu'on l'a sous la main ou bien à 15 ou 18 pas, et suivant qu'il est en carrés ou en rouleaux, varie depuis 100 mètres carrés jusqu'à 200 et 250 mètres carrés par jour.

c L'égalisation du gazon au moyen de la batte peut aller jusqu'à 375 mètres carrés, quand les ouvriers se relaient.

En général, dans tous les travaux de gazonnement, les résultats sont plus grands quand plusieurs ouvriers se prêtent mutuelle assistance.

On peut compter 1/10 de perte par l'émiettage des gazons, ce qui, du reste, est compensé par l'emplacement donné aux rigoles.

191. Travaux de terrassement. — On distingue généralement quatre classes de terrain :

1° Terre légère, comme terre de jardin et sable mouvant, qu'on ne doit pas piocher ;

2° Terre franche, comme terres marno et argilo-sableuses, sable grossier, en partie à piocher, en partie à bêcher;

3° Terre forte, comme gravier très-gros, glaise, argile, décombres, qu'il faut piocher ;

4° Terrain pierreux, comme roche friable, égale ou compacte, qu'il faut travailler avec le pic.

Pour une juste appréciation des espèces de terre, il faut tenir compte de la sécheresse et de l'humidité du sol dans l'application des nombres suivants.

192. **Classement des terres.** — D'après Haarmann, 2 mètres cubes étant regardés comme tâche journalière pour la classe III, les tâches seraient dans les classes :

$$
\begin{array}{cccc}
\text{I} & \text{II} & \text{III} & \text{IV} \\[4pt]
\dfrac{2,5}{0,40}; & \dfrac{2,5}{1,56}; & \dfrac{2,5}{2,5}; & \dfrac{2,5}{1,66}.
\end{array}
$$

D'après les expériences faites sur les soldats du génie prussien, le plus grand travail de terrassement que puisse produire un homme en une heure est, d'après le tableau A ci-dessous :

SOLS.	POUR UNE PROFONDEUR DE :	
	$0^m,314$ à $1^m,57$	$1^m,57$ à $3^m,14$
	m c	m c
1re classe.	0,93	0,62
2e —	0,77	0,56
3e —	0,62	0,46
4e —	0,18 à 0,31	0,124 à 0,28

Un homme projette la terre avec une pelle à une distance de 5 mètres, ou à une hauteur de $3^m,14$ au maximum.

Dans un travail habituel et continu, il ne jettera la terre qu'à $3^m,14$ de distance ou à $1^m,89$ de hauteur.

Il faut remarquer que la table précédente donne les quantités de travail au maximum; on pourra donc en retrancher d'après les circonstances.

De même, quand il faut jeter la terre en deux ou trois fois, ou qu'il y a de l'eau et du sable de fontaine, le travail est augmenté.

193. **Transport des terres.** — Il se fait à bras d'homme :

1° Avec la brouette, très-avantageusement jusqu'à une distance de 150 pas de 0^m,69.

La charge d'une brouette étant de 0^{mc},046 à 0^{mc},05, on peut, avec des relais tous les 30 à 75 pas, transporter par jour les quantités consignées dans le tableau B ci-dessous. Les observations qui ont servi à établir ces nombres ont été faites sur les soldats du génie prussien.

DISTANCE DU TRANSPORT. (nombre de pas.)	CLASSES DE TERRAINS.			
	1re	2^e	3^e	4^e
	mc	mc	mc	mc
jet	8,90	7,14	5,93	3,95
10	8,28	6,64	5,56	3,58
20	7,73	6,27	5,25	3,27
30	7,11	5,90	5,00	2,97
40	6,67	5,60	4,76	2,72
50	6,30	5,31	4,54	2,50
60	6,00	5,07	4,36	2,38
70	5,75	4,85	4,17	2,26
80	5,50	4,67	4,01	2,16
90	5,31	4,51	3,89	2,10
100	5,13	4,36	3,77	2,04
110	4,94	4,23	3,64	1,98
120	4,80	4,11	3,55	1,96
130	4,64	3,99	3,46	1,83
140	4,51	3,90	3,37	1,79
150	4,39	3,80	3,27	1,73

Un homme charge par jour de 170 à 190 brouettes.

Pour rendre meuble la quantité de terre remuée par chaque chargeur, il faut un travail de piochage qui est dans la proportion suivante avec le travail de chargement :

1re classe de terrain..   0,2   de piocheur pour 1 chargeur.
2e —   0,6   —   pour 1   —
3e —   0,8   —   pour 1   —
4e —   1,5   —   pour 1   —

Dans les montées, le chemin réel parcouru correspond aux distances de transport suivantes :

Pour 1^m,5.............. 15   pas | Pour 9^m,0.......... 105   pas
2^m,4.............. 24 | 10^m,5.......... 130
3^m,0.............. 30 | 12^m,0.......... 155
4^m,5.............. 45 | 13^m,5.......... 180
6^m,0.............. 65 |

Dans des pentes de 1/24 à 1/16, le transport se fait en une fois ;

Dans des pentes de 1/16 à 1/12, en une fois et demie.

Des pentes plus fortes, jusqu'à 1/9 ou 1/8, exigent qu'il se fasse en deux fois.

Pour le transport d'une hauteur dans un fond, en descendant 1/5 au plus, les données restent les mêmes.

2° Le transport au moyen de tombereaux à deux roues et à bras contenant $0^{mc},185$ commence à être avantageux pour une distance de 150 pas, et procure environ 1/10 de travail de plus que les brouettes, si le chemin est bon et qu'on puisse facilement tourner.

3° Le transport au moyen de chevaux attelés seuls à des tombereaux contenant de $0^{mc},46$ à $0^{mc},49$ est très-avantageux pour une distance de 300 pas. Cette distance doit être tout à fait exceptionnelle dans la construction de prés.

194. Établissement de fossés et de digues. — La meilleure manière de faire exécuter ces travaux est au mètre courant ; pour les calculs, voir § 189 à 193.

L'unité de salaire ne peut pas être la même dans tous les cas, mais elle est réglée d'après le calibre des fossés, et elle doit s'élever en raison directe de leurs dimensions.

Le moyen le plus simple est de considérer le canal et sa digue comme une seule figure, et d'en calculer la section en supposant le canal rempli. Par exemple, la crête de la digue a $2^m,7$, sa hauteur $0^m,6$, le fond $5^m,1$; la surface de sa coupe est alors $\frac{7,8}{2} \times 0,6 = 2^{mq},34$, et sa contenance par mètre courant de $2^{mc},34$.

D'après le tableau A [192], un homme remue par heure dans la classe II, $0^{mc},77$ ou $7^{mc},7$ par jour, la terre et le gazon étant sur les lieux mêmes ; il fera $3^m,3$ courants de canal endigué par journée. La construction de ce fossé, y compris l'enlèvement et le replacement du gazon sur les lieux mêmes, l'égalisation de la crête et des talus, la journée d'ouvrier étant comptée à $1^{fr},30$, coûtera $\frac{1,30}{3,3} = 0^{fr},39$ le mètre courant.

Dans la pratique, en traitant à forfait, ces prix baissent jusqu'à $0^{fr},30$ et même $0^{fr},25$. S'il faut un transport de terre, on le calculera d'après le tableau B [193].

Pour de petits canaux ayant $2^m,10$ de largeur de crête, $0^m,3$ de hauteur et $3^m,3$ de largeur de digue à la base, ou $0^{mq},81$ de section, le mètre courant aura $0^{mc},81$. Dans la première classe de sols I, un homme fera par jour 9me,3 ou 11^{m},48 courants de ce fossé. Le salaire étant de 1^{fr},75 par jour, le mètre courant coûtera 0^{fr},15 au minimum ; le prix doit être d'autant plus élevé que le mètre courant a une plus petite contenance et que la main-d'œuvre est plus chère.

Soit un canal de décharge ayant 2^{mq},16 de profil, et un talus à base double à garnir de terre végétale et de gazon : comme de l'eau et des pierres peuvent se présenter, il faut adopter la troisième classe de terrains et un travail journalier de 6me,2. L'ouvrier fera donc $\frac{6,2}{2,16} = 2^{m}$,87 courants, et le salaire étant de 1^{fr},30 par jour, le mètre courant coûtera 0^{fr},46.

Dans un terrain marécageux, il faudra une augmentation de prix pour l'enlèvement et le replacement du gazon ; il en sera de même si toute la terre doit être jetée d'un seul côté ; dans ce cas, le mètre courant sera payé à la tâche à raison de 0^{fr},50.

195. L'établissement de petites rigoles coupées dans l'intérieur du gazon peut être calculé d'après le § 190, en augmentant le prix de celui de la répartition du gazon sur le sol. Un homme peut faire par jour 200 à 250 mètres de rigole de 0^{m},15 à 0^{m},21 de large et de 0^{m},09 à 0^{m},12 de profondeur, en mettant les gazons en tas. On peut encore admettre que, avec un salaire journalier de 1^{fr},25, toutes les rigoles de 25 ares de pré, non compris les canaux de dérivation et de décharge, pourront être effectuées pour le prix de 5 fr. à 7^{fr},50. Il va sans dire que les rigoles de déversement endiguées des ados naturels, qui nécessitent un transport de terre, ne sont pas comprises dans ce prix.

Nous conseillerons toujours au commençant peu exercé dans les devis, de faire exécuter des travaux d'essai sous une surveillance sévère ; par là, il procédera plus sûrement à l'estimation exacte des rapports techniques et des difficultés qui changent complétement avec les différents lieux.

196. **Aplanissement du sol.** — Ces travaux ne se rencontrent sur de grandes surfaces que dans la reconstruction des prés améliorés ; ils sont une exception dans les prés naturels, où l'on ne peut guère par exemple rétablir des fossés en relief ou niveler des places isolées.

Là où la terre n'a pas besoin d'être transportée, mais seulement bêchée ou égalisée, un ouvrier peut faire par jour, à une profondeur de 0^{m},25 : dans l'argile, 290 mètres carrés ; dans la terre marno-sableuse, 108 mètres carrés ; dans le sable fin, de 135 à 162 mètres carrés. Les remblais d'un sous-sol ameubli ne sont pas aplanis ; on se contente de les égaliser avec la pelle.

On fait les remblais en terre végétale avec la pioche ou écobue ; un ouvrier exercé peut aplanir de 220 à 225 mètres carrés dans un sol qui n'est pas encombré de pierres ni de racines.

197. Construction de barrages et d'écluses. — Il est impossible, à cause de la grande variation des prix des matériaux, de fixer même une moyenne à cet égard ; les estimations seront faites d'après les prix du pays et le choix des constructions.

Barrages. — Pour un barrage d'une hauteur de $0^m,45$ à $0^m,75$, fait en moellons piqués et à joints garnis de sable et de mousse, et en prenant pour base une journée de 8 heures de travail, 27 mètres cubes demandent 27 journées : en d'autres termes, le mètre cube coûte une journée de travail si on a les matériaux sur place. On compte un manœuvre pour deux maçons (1).

Des pierres schisteuses ou plates se travaillent mieux que celles qui sont anguleuses, irrégulières ou arrondies.

Construction des écluses. — Les écluses se payent ordinairement au cube du bois employé, à un prix trois ou quatre fois plus élevé que la valeur du bois en grume.

Si le bois de chêne coûte $1^{fr},25$ le pied cube ($0^{mc},27$), une écluse de 10 pieds cubes pourra être établie au prix de 40 à 50 francs. Pour les écluses de moindres dimensions, on prend une proportion plus forte, et *vice versâ*.

Les écluses en pierre de taille et à fondations en béton, etc., doivent être estimées par un expert. Des explications à ce sujet exigeraient trop de développements.

198. Total des frais de l'établissement ou de la reconstruction d'un pré. — On peut évaluer les frais généraux d'après les différents systèmes, abstraction faite des digues et des écluses : nous prendrons le *journal* ou quart d'hectare comme base de nos calculs.

La reconstruction perfectionnée ne peut être très-avantageuse que lorsque les travaux d'écluses et de fossés ne demandent que des mouvements de terrain insignifiants.

(1) Dans les endiguements des bords du Rhin, on compte 25 fr. 80 par 90 mètres carrés de garniture des talus de $0^m,60$ à $0^m,75$ d'épaisseur, le salaire du maçon étant de 2 fr. 15 et celui du manœuvre de 1 fr. 30 par jour. En employant des moellons piqués à arêtes vives, le pied carré ($0^{mq},09$) revient à 0 fr. 04.

Le prix de la journée, pendant laquelle un homme fait environ 18^{mq},75, étant généralement de 1^{fr},30, le journal coûtera 171^{fr},40.

Quand il faut enlever ou apporter de la terre, ne serait-ce qu'à une petite distance, un homme ne peut faire par jour que 12^{mq},5, et le quart d'hectare ou journal coûtera 257 francs.

Si les travaux de terrassement sont considérables, un homme ne fera que 10 mètres carrés, et un quart d'hectare coûtera 355^{fr},72. Dans des circonstances très-défavorables, où l'on aurait à transporter des terres, à remplir le vieux lit d'un ruisseau, ou à en creuser un nouveau, il pourra arriver qu'un homme ne fasse par jour que 6^{mq}, 25, ce qui portera le journal à 514^{fr},28.

199. Plus les frais de construction sont élevés, plus il faut se demander si, les prés étant à bas prix, il n'est pas plus avantageux de consacrer à l'achat de nouveaux terrains les sommes nécessaires pour les améliorations projetées.

Cette question dépend des circonstances locales. On doit étudier si un hectare de prés médiocres ne donne pas une trop mauvaise qualité de foin pour les frais d'entretien et de récolte, tandis qu'un demi-hectare de prés améliorés par la reconstruction perfectionnée peut arriver, comme qualité et comme quantité, à être d'un rapport bien plus élevé.

A mesure qu'un pays passe de la culture extensive à la culture intensive, on doit, dans la même proportion, employer de plus grands capitaux pour obtenir davantage, et alors l'établissement de prairies améliorées est d'autant plus rationnel.

Dans ce cas, il faut que la situation du terrain favorise la reconstruction. Il est évident que les plus mauvais prés, régulièrement arrosés, rapportent une rente plus haute que de bons prés livrés à eux-mêmes, et qu'ils remboursent plus promptement les frais de culture qu'on y consacre.

200. Les frais de construction d'après le système naturel (*Natürlicher Baü*) se bornent aux travaux des fossés, et se payent généralement de 11 à 22 francs par quart d'hectare.

La construction naturelle par planches disposées en ados exige des frais qui peuvent être évalués de 20 à 35 francs par quart d'hectare ; mais si l'on a à faire des mouvements de terrain, si l'enlèvement de l'eau est coûteux, les frais peuvent s'élever jusqu'à 55 et 65 francs par quart d'hectare.

Dans le cas de construction en étages [140], la division du terrain forme alors une transition à la reconstruction artificielle, qui peut monter de 100 à 120 francs par quart d'hectare, et plus la reconstruction est complète, plus haut monte le prix de revient des prairies d'art (*Künstwiesen*).

Le prix des vannes et écluses n'est pas compris dans ces calculs; mais il faut qu'il soit toujours proportionnel au nombre des hectares et à l'augmentation possible du rendement.

ENTRETIEN DES PRAIRIES.

201. Il comprend l'irrigation, outre les soins constants à donner aux prairies pour les maintenir en bon état.

Les principes à suivre sont développés plus haut [29 à 45].

L'entretien rationnel des prairies exige, pour tous les travaux faits, des soins continuels et une ponctuelle surveillance, qui seuls peuvent garantir la rente la plus élevée au capital qu'on a employé à l'amélioration.

L'eau courante bien dirigée et bien employée peut devenir une source de richesses; mais elle peut aussi, par le manque de soins et de surveillance, agir d'une manière destructive; et ce ne sera pas alors la faute de l'ingénieur si le résultat des irrigations reste bien loin derrière les espérances qu'on avait conçues.

Observons qu'il ne faut pas se lasser d'améliorer tous les ans un terrain qui serait même dans de bonnes conditions naturelles. C'est seulement alors qu'on réussira à transformer et à perfectionner peu à peu les prés naturels, et à les amener à un rendement complet.

Soins particuliers.

202. Il est indispensable, pour l'irrigation de toute l'année, de rétablir avec soin, au moyen du cordeau, les arêtes de tous les fossés, immédiatement après la récolte du regain. Dans ce travail, il ne faut enlever du fond et des parois que ce qui est nécessaire pour rétablir les anciennes dimensions.

Dans le système des rigoles en pente naturelle, tel qu'on l'exécute à Siegen, les petits fossés d'irrigation doivent être nivelés et relevés tous les deux ans à l'aide du niveau [158]; avec les gazons ainsi obtenus, on referme les anciennes rigoles. On prévient ainsi les inégalités qui se produisent par suite des dépôts. Le curage des fossés sert à régulariser leurs arêtes, ainsi qu'à combler les cavités qui se sont formées dans les rigoles.

Les digues et les écluses demandent un soin particulier. Il faut, quand c'est nécessaire, les consolider pour les irrigations d'automne. Il est important aussi de veiller en hiver à ce que les écluses empêchent l'inondation des prairies, et à ce qu'elles fassent écouler complétement les eaux de pluie et de source, en sorte que la glace ne puisse se former. Avant l'irrigation de printemps, et après la récolte du foin, on inspecte également avec soin les fossés, les digues et les écluses.

203. Pour de grandes étendues de prés, il est bon de prendre un garde bien familiarisé avec tous les travaux d'entretien et d'irrigation. C'est surtout important pour les prés morcelés. Tous les renseignements et tous les détails relatifs au service de ce genre de gardes sont contenus dans l'instruction donnée par l'auteur pour l'administration des communes du Nassau, instruction où l'on trouve en même temps les règles de l'irrigation. En voici la copie (1) :

INSTRUCTION POUR LES GARDES DE PRÉS.

RÈGLES GÉNÉRALES.

§ 1. On ne peut prendre pour garde de prés qu'un homme vigoureux, habitué aux intempéries, sobre, actif, d'un caractère ferme, et qui, par sa participation à la création de prairies, ait acquis les connaissances nécessaires pour entretenir et bien diriger des irrigations.

§ 2. On peut lui permettre de surveiller les fonds contigus de deux ou de plusieurs communes, autant que cela est possible sans nuire à son service, qui doit être bien établi pour chaque cas particulier (2).

§ 3. On modifie dans ce but les règles générales par des obligations spéciales, et le gardien est assermenté.

§ 4. Les contraventions du gardien sont punies par une amende ou par son renvoi immédiat, ce qu'il appartient au maire de décider.

§ 5. On le paye sur la caisse de la commune par trimestres écoulés (3).

(1) On pourra toujours y faire facilement les additions ou retranchements nécessaires pour les prés des particuliers.

(2) 12 hectares suffisent pour occuper un gardien ; cependant il peut se charger de 50 hectares de prés artificiels, et même de 100 hectares de prés naturels.

(3) La commune se réserve de recouvrer la part de payement des propriétaires au prorata de l'étendue qu'ils possèdent.

Il lui est expressément défendu de recevoir de l'argent ou des cadeaux des propriétaires intéressés.

§ 6. Il doit tenir un journal de ses travaux particuliers et de ce qui se passe dans les prairies pour prouver qu'il accomplit régulièrement son devoir.

Ce journal est soumis au visa des propriétaires et à leur vérification.

§ 7. Les devoirs du gardien de prés se divisent en devoirs de surveillance et en devoirs techniques.

RÈGLES PARTICULIÈRES.

Devoirs de surveillance ou police.

§ 8. Le garde doit visiter souvent et régulièrement les prairies pour empêcher qu'on ne vole l'herbe, qu'on ne mène des animaux paître, qu'on ne les traverse à pied ou avec des voitures, et qu'on n'endommage les travaux faits; en cas de délit, il fait son rapport en dressant procès-verbal aux contrevenants.

§ 9. Il faut qu'il veille sévèrement à ce qu'on n'enlève pas l'eau, et, s'il y a lieu, qu'il fasse son rapport sans retard.

§ 10. Il mettra toute son attention à ce qu'aucun propriétaire ne détourne l'eau au profit de ses prairies, en dehors de l'ordre établi.

§ 11. Dans le cas d'une vente d'herbe de la commune ou des particuliers, il y assistera pour indiquer ce qui revient à chacun, et maintenir l'ordre pendant la récolte et les transports.

Entretien et exécution de l'irrigation.

§ 12. Dans sa tournée des prairies, le gardien doit avoir constamment avec lui les ustensiles nécessaires aux travaux des fossés et des écluses, soit pour faire des réparations, soit pour régler les irrigations.

§ 13. Il lui faut aplanir les taupinières et les fourmilières, et chasser les taupes au moyen de l'eau, ou bien les prendre; il doit enlever les arbustes et les mauvaises herbes, ainsi que les bois et les pierres. Les feuillages et le bois qu'il ramasse sont à lui.

§ 14. Au printemps il réparera les canaux et les rigoles, aussitôt que le temps le permettra; en automne, après la récolte du regain, il veillera à ce que les gens chargés du soin des digues remplissent leurs fonctions sous sa direction particulière. Dans le cas où ses prescriptions ne seraient pas observées, il fera son rapport pour qu'on les exécute aux frais de ceux qui les ont négligées.

§ 15. Il doit posséder des instructions écrites, qui lui sont données par l'administration, au sujet des dispositions particulières relatives à l'irrigation pour chaque localité.

Elles comprennent :

1° Le mode des irrigations, ainsi que l'époque de leur cessation ;

2° La distribution de l'eau à chaque propriétaire, réglée au prorata de la surface qu'il possède ;

3° L'exécution des travaux spécifiés au paragraphe 14, à savoir : si le garde est obligé de faire lui-même et à ses frais le curage annuel des fossés, ou si on lui donnera des aides ;

4° Ce qui a rapport à l'entretien et au rétablissement des digues, des écluses, des chemins de récolte, des ponts, et ce qui regarde l'ordre à suivre pour la récolte ;

5° Les appointements du gardien en argent ou en nature. Ils sont fixés au prorata de son travail, ou d'après le nombre d'hectares, à tant par hectare, cette somme diminuant avec l'augmentation du nombre d'hectares à surveiller (1).

§ 16. Dans les prés où la récolte est vendue tous les ans, on peut donner au garde tant pour cent sur le produit brut après la coupe, comme récompense de son activité et de ses soins.

RÈGLES DE L'IRRIGATION.

(Appendice aux instructions des gardes de prairies.)

1. On distingue, suivant les saisons, les irrigations d'automne, d'hiver, de printemps et d'été.

2. Les irrigations d'automne sont la base des opérations qui garantissent la récolte de l'année suivante. De même que le laboureur ensemence et fume ses champs en automne pour l'année suivante, de même il faut, après le regain, préparer les prairies pour l'irrigation, en réparant les fossés et les écluses, sans cesser de répartir sur les prés l'eau dont on dispose. C'est surtout en automne que

(1) Cette somme, dans le cas où le garde doit accomplir tous les travaux, ne peut être au-dessous de 1 fr., 25 par hectare pour une surface de 30 hectares.

les pluies, en lavant les champs, les chemins et les rues des villages, apportent aux ruisseaux un limon fertilisant.

La croissance des plantes s'arrête en automne : si, par suite d'une irrigation antérieure, l'herbe pousse encore, elle reste trop petite pour pouvoir être coupée ; mais elle protége les racines contre la gelée, et garantit déjà le rapport de l'année suivante.

C'est donc une faute très-grande, et malheureusement très-répandue, de ne pas utiliser l'eau en automne, quand on en possède.

L'irrigation d'automne a pour but principal de fumer les prairies ; il faut pour cela que l'eau coule abondamment pendant quatre à six semaines, et soit réglée autant que possible de manière à arroser le même endroit pendant quatre à six jours par semaine.

La prairie prend alors un aspect foncé venant du limon apporté par l'eau, ce qui prouve qu'elle a reçu le fumier nécessaire.

Une forte irrigation en automne chasse aussi les souris des prairies, et le colchique ne peut pas prendre le dessus dans un gazon couvert par l'eau.

L'irrigation d'automne est donc la partie la plus importante de la direction des prairies, et elle ne devrait être négligée sous aucun prétexte, quand même on ne pourrait la faire qu'avec de l'eau limpide.

Précautions à prendre :

Moins le pré a de pente, plus il faut apporter de soin à l'arrosement ; on doit laisser pendant plusieurs jours une forte couche d'eau, et ensuite mettre à sec pendant un certain temps.

Avec une pente faible et de l'eau chargée de limon, on arrose facilement la prairie par places isolées, surtout le long des canaux de hauteur inégale ; si l'on a de l'eau claire, on doit en employer une plus grande quantité pour ces derniers.

Dans les prés à forte pente, cette précaution est moins nécessaire, et les prés marécageux même peuvent être améliorés par l'eau qui charrie du sable et une vase épaisse.

Quand le sol des prés est argileux, il faut le laisser à sec plus souvent et plus longtemps que quand le sol est léger et friable.

Cependant il ne faut pas irriguer toutes les prairies jusqu'à l'entrée de l'hiver. Avant que le froid arrive, les prés doivent être déjà livrés au sommeil de l'hiver, c'est-à-dire mis à sec, pour que la glace ne puisse s'y former.

C'est pourquoi il faut faire l'irrigation d'automne le plus tôt .

possible (commencement d'octobre) ; mais le pâturage est le plus grand obstacle à tous ces soins, et cause un très-grand préjudice aux propriétaires de prés.

3. L'irrigation d'hiver a lieu si l'eau coule sur la prairie pendant les froids, quel que soit le mois.

A cette époque, l'irrigation est nuisible quand la glace s'applique sur un bon gazon ; cependant cette couche de glace est inoffensive, lorsque l'eau coule en dessous jusqu'au moment du dégel, ou quand la glace se forme sur un gazon très-moussu, car alors la mousse pourrit et fait place à de meilleures plantes.

Pour de bons prés l'irrigation d'hiver peut donc devenir nuisible en cas de manque d'eau ou de perte de temps, tandis qu'elle est utile pour détruire dans de mauvais prés les mousses et les plantes de marais (à l'aide toutefois du desséchement convenable), ou encore pour transformer des bruyères sèches en un bon gazon. Dans ces différentes circonstances, on fait usage de l'action destructive de l'eau, et l'irrigation d'hiver remplit son but réel.

C'est tout à fait par exception qu'on peut prolonger en cette saison l'irrigation fertilisante proprement dite ; mais il faut qu'elle agisse sur de bons prés, pendant des hivers doux, et qu'on y mette toujours une grande prudence.

On ne doit jamais employer l'eau des neiges pour l'irrigation.

Lorsqu'on irrigue en hiver pour une raison quelconque, il faut que l'eau soit toujours abondante, surtout quand il s'agit de débarrasser des prés aigres de substances nuisibles, comme par exemple d'eau chargée de cuivre, ou de transformer en prairies des terrains secs et remplis de mousses.

Un travail très-utile en hiver est de recouvrir les prés de composts, de boues, de marnes (pour les marais on emploie même le sable), ou d'autres fumiers friables ; d'y répandre des fanes de pommes de terre, les émondes des haies, etc.

4. L'irrigation du printemps est la plus difficile de toutes ; elle ne peut être commencée que quand la neige a complétement disparu, et que le sol est tout à fait dégelé.

Cette irrigation ne peut avoir pour but de fumer les prairies, puisque l'irrigation fertilisante doit avoir lieu en automne ; ni de leur donner de l'humidité, vu que l'hiver en laisse suffisamment. Il n'arrivera que par exception qu'on soit obligé d'irriguer au printemps pour fumer ou mouiller les prairies.

L'irrigation de printemps a pour but principal de garder des gelées tardives et de toute froide température les jeunes herbes qui apparaissent luxuriantes dans les prairies bien préparées par l'irrigation d'automne.

Si l'air est plus chaud que l'eau, une irrigation ne peut être que nuisible, parce que l'herbe et le sol en sont refroidis ; mais si le contraire a lieu, l'irrigation du printemps devient conservatrice en équilibrant les changements trop prompts de température si nuisibles aux plantes. Quand la gelée blanche a atteint les herbes tendres, il faut arroser les prairies à la pointe du jour, et ne faire partir l'eau que quand les froids ne sont plus à craindre. Par des temps clairs, on ne doit irriguer que le matin et le soir ; mais il faut de l'eau continuellement quand le ciel est couvert.

Comme la température est très-variable au printemps, une irrigation protectrice est très-difficile et prouve, lorsqu'elle réussit, le savoir et l'habileté de l'irrigateur.

Vu cette difficulté d'irriguer convenablement au printemps, c'est commettre la plus grande faute pour l'entretien des prairies que de remettre au printemps, comme par malheur cela arrive si souvent, l'irrigation principale de l'année, celle qui doit apporter la fertilité, en un mot celle de l'automne.

Les mesures de précautions suivantes sont surtout bonnes à prendre pendant cette saison :

1. Il faut que l'eau des prairies ait un prompt écoulement, pour que le sol ne se refroidisse pas et que l'action de l'air et du soleil sur les plantes ne soit pas interceptée.

2. Les prairies dont le sol est léger et poreux et qui ont une forte pente souffrent moins d'une irrigation de printemps défectueuse, tandis que les prairies argileuses peu inclinées demandent à être irriguées avec le plus grand soin.

3. En tous cas, un faible arrosement est plus désavantageux qu'une forte irrigation, et celle-ci n'est applicable, avec de grandes précautions d'ailleurs, qu'à un sol tourbeux qui s'échauffe déjà difficilement.

4. Vers le milieu et à la fin d'avril, dans les régions élevées au mois de mai, la croissance des graminées et des autres plantes peut être essentiellement activée par la force dissolvante de l'irrigation, pourvu que cette dernière agisse modérément.

§ 5. L'irrigation d'été a pour but de donner l'humidité nécessaire à la croissance de l'herbe.

Une irrigation proprement dite ne doit avoir lieu que par un temps très-sec, pour empêcher les plantes de périr.

Pour l'humectation, il suffit d'ordinaire d'irriguer faiblement ou de remplir les rigoles d'eau qu'on laisse s'infiltrer.

Une forte irrigation avant la fenaison produit de l'herbe aigre et remplie de vase, qui donne un foin malsain pour les animaux.

L'irrigation ne doit se faire que le matin, le soir ou pendant la nuit, parce que l'eau, quand le soleil brille, est généralement plus froide que l'air, et qu'en se refroidissant promptement, elle pourrait avoir un effet nuisible.

Un jour avant le fauchage, on arrose pour la dernière fois.

Après la fenaison, les fossés doivent être réparés de manière à rendre possible une irrigation régulière.

Il est bon que cet arrosement, même sur un sol humide et par une température humide, se fasse tout de suite après la fenaison ; le produit du regain en est accru. Dans des endroits secs où l'eau manque, il faut irriguer immédiatement après la fenaison. Plus les mois de juillet et d'août sont humides, moins on a besoin d'irriguer et surtout d'accélérer la croissance de la dernière coupe ; et on laissera un certain temps entre les irrigations.

RÉSUMÉ.

Pour l'ordonnance et l'exécution ainsi que pour l'entretien des travaux des prairies, les rapports de pentes sont de la plus haute importance, et nous répétons que c'est de ce côté que l'agriculteur et l'irrigateur ont à diriger leur vue, s'ils veulent s'approprier les principes d'une culture rationnelle.

Lorsque l'irrigateur aura bien saisi ce qui été dit à ce sujet dans la seconde partie de cet ouvrage, il comprendra aussi les innovations importantes qui sont développées dans l'appendice, et apprendra à les employer pour la création des prés.

PRINCIPES

DE DESSÉCHEMENT

ET

D'IRRIGATION PAR LE DRAINAGE

(D'APRÈS PETERSEN).

INTRODUCTION

Dans les chapitres précédents, l'utilité de l'eau dans la culture des prés n'a été démontrée que là où le sol manque d'humidité, afin de lui donner la fraîcheur nécessaire à la croissance des bonnes plantes.

A l'irrigation doit s'associer un desséchement correspondant à l'humidité du sol et à la quantité d'eau amenée par les canaux.

L'eau vient de l'atmosphère ; elle tombe sur le sol sous forme de rosée, de gelée, de brouillard, de pluie ou de neige, et elle s'amasse en nappes souterraines. Ces nappes se font jour par des sources qui se réunissent en lacs, ruisseaux, rivières ou fleuves, et finalement s'écoulent dans la mer, d'où revient en grande partie l'eau que la chaleur solaire vaporise et condense en nuages. Cette évaporation continue entretient la circulation de l'eau ; si, dans un lieu quelconque, elle est inférieure à la quantité de pluie qui tombe, et surtout si les propriétés et la composition du sol empêchent l'écoulement, l'eau alors s'accumule plus ou moins à certaines époques sur quelques points, le sol devient humide, marécageux et impropre à la culture des plantes.

Pour mesurer la quantité d'eau fournie par la pluie, on se sert de vases gradués d'avance, avec lesquels il suffit d'une simple lecture pour avoir la hauteur d'eau tombée. Le plus souvent on emploie des vases à double fond, dans lesquels l'eau s'emmagasine. On pèse l'eau recueillie ; en divisant ce poids exprimé en millimètres cubes par la surface de réception du vase, on obtient la hauteur d'eau tombée ; le millimètre est l'unité d'appréciation généralement adoptée.

La quantité d'eau évaporée peut être calculée par une méthode analogue. On apprécie, au moyen de pesées, le gain et la perte de chaque jour, dans un vase contenant une quantité d'eau fixe et dont on connaît la surface d'évaporation. Pour avoir l'évaporation produite pendant un temps donné, on ajoute à la perte totale la différence entre le gain total et la pluie tombée pendant ce même laps de temps, toutes ces données étant réduites en millimètres, comme nous l'avons indiqué plus haut.

La puissance absorbante du sol et sa faculté de retenir l'eau se manifestent après saturation par l'humidité plus ou moins constante, mais on les estime toujours au-dessous de la réalité. La quantité d'eau des rivières et des fleuves est toujours inférieure à celle qui est tombée sur leurs bassins ; la différence est absorbée et évaporée.

Les contrées montagneuses reçoivent plus d'eau que les plaines, mais elles ne rendent aux cours d'eau que la moitié à peine de l'eau tombée ; il en est de même pour les pays boisés par rapport à ceux qui ne le sont pas.

Ce qui exerce encore une grande influence sur la quantité de pluie reçue dans un lieu, c'est sa distance plus ou moins rapprochée de la mer. Les contrées maritimes en reçoivent plus que les régions continentales.

La quantité d'eau qui tombe varie encore suivant l'état de l'atmosphère, et aussi avec les années et les mois.

L'eau qui s'infiltre rencontre dans le sol des couches perméables et imperméables. Souvent il n'y a pas d'eau à la surface du sol, mais elle se trouve à une certaine profondeur d'où on la tire au moyen de puits.

On reconnaît par la végétation des herbes aigres et des plantes marécageuses les terrains qui renferment de l'eau à une petite profondeur.

Lorsque l'eau rencontre des couches imperméables ou inclinées, elle descend dans les vallées suivant les lois de la pesanteur ; elle se rassemble à une certaine profondeur au pied des montagnes et des collines et elle suinte ou sort sous forme de sources.

Quand elle vient de lieux élevés en s'infiltrant dans des couches perméables entourées de couches imperméables, elle exerce une grande pression hydrostatique, ce que l'on reconnaît dans les sables mouvants et dans les marnes argileuses. Lorsque cette pression est détruite par une ouverture naturelle ou artificielle, la colonne d'eau s'élève au-dessus du sol à une hauteur en rapport avec la pression.

C'est sur ce principe que reposent les puits artésiens ou jaillis-
sants (*fig.* 64) et les puits absorbants destinés à faire disparaître les

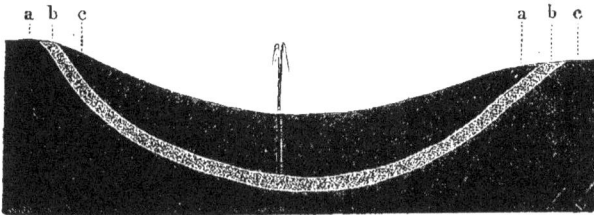

Fig. 64.

eaux nuisibles (*fig.* 65) dans des couches perméables plus profondes.

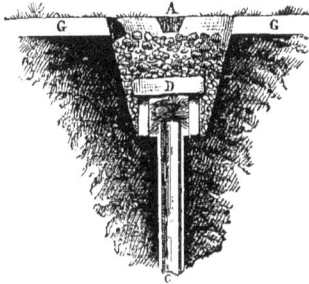

Fig. 65. — GAG, coupe des fossés de desséchement qui débouchent dans une fosse à
talus de 3 à 5 mètres de diamètre, et de 5 à 6 mètres de profondeur. A cette profondeur, on creuse avec la sonde jusqu'à une couche perméable et on y introduit
un tuyau C en bois. Pour empêcher le trou de se boucher, on l'emplit de broussailles
et on le couvre de pierres plates D. La fosse supérieure est comblée avec des pierres
plus ou moins grosses.

Dans les plaines situées près des fleuves les eaux souterraines
montent et descendent avec le niveau des crues.

Les rives de cours d'eau formées d'alluvions se composent de
graviers, de sables, d'argile et de terres glaises. On rencontre aussi
ces terrains d'alluvion très-loin des cours d'eau, comme dans les
plaines du nord de l'Allemagne, et en couches plus petites dans
les montagnes.

Dans ces formations récentes dominent les substances provenant
de la désagrégation de pierres ou de rochers.

Ces terrains diffèrent des autres par la position horizontale de leurs couches, tandis que les couches de formation des montagnes sont inclinées.

Il est très-important, dans l'étude d'un plan de desséchement, de considérer la perméabilité des couches, à cause de la direction des eaux et de la naissance des sources.

On peut faire ces observations en ouvrant des fossés dans les couches supérieures ; mais, pour les couches plus profondes, il faut employer la sonde.

La composition géologique d'une contrée, c'est-à-dire l'examen des roches, de leurs couches, de leur âge et de l'époque de leur formation, sert aux ingénieurs à déterminer sûrement le point où ils trouveront de l'eau, à quelle profondeur et en quelle quantité.

C'est sur ces principes que reposent, entre autres, la méthode de desséchement d'Elkington et les méthodes de découverte des sources de l'abbé Paramelle, de l'ingénieur Noggerath et de l'abbé Richard, dans des contrées et des endroits inconnus.

La connaissance de la formation géologique des sols a aussi une grande valeur pour l'agriculteur qui entreprend la création des prés.

C'est sur des observations scientifiques ainsi que sur l'étude de la météorologie qu'est basé notre enseignement. Il s'ensuit que le desséchement des terrains demande beaucoup de circonspection, surtout quand il s'agit de grandes surfaces et de localités qui diffèrent les unes des autres par la constitution géologique.

L'exécution d'un système rationnel de desséchement exige de la part de l'ingénieur agricole les connaissances nécessaires pour savoir adapter à chaque contrée une agriculture intensive ou extensive.

Toutes ces considérations ont une grande influence sur le prix d'achat et par suite sur le revenu des propriétés.

Avec l'amélioration de la culture, le drainage des champs s'est répandu et perfectionné.

L'invention et le développement du drainage, qui a remplacé les fossés ouverts, ont fait entrer l'agriculture dans une ère nouvelle.

Si le drainage a eu d'abord une utilité bien marquée pour le desséchement des champs cultivés, il a exercé aussi une grande influence amélioratrice sur les prairies, lorsqu'il a été complété par les modifications de Petersen, de Witthiel, qui permettent la culture la plus intensive des prés. La méthode de Petersen est encore applicable à l'irrigation et on peut l'employer aussi bien pour les terres labourées que pour la production des fourrages.

DU DESSÉCHEMENT DES CHAMPS

BUT DU DESSÉCHEMENT.

204. La nécessité du desséchement des champs cultivés suppose une grande humidité du sol.

Cette humidité est relative et variable :

1° Suivant l'assolement ;

2° Suivant la saison;

3° D'après la position géographique.

L'expérience enseigne que certaines plantes exigent pour leur croissance plus d'humidité les unes que les autres.

Les graminées cultivées, comme le blé, le maïs, etc., ont relativement besoin de peu d'humidité ; mais les graminées sauvages de nos prairies et de nos pâturages, le riz, etc., en demandent davantage. Il faut donc dessécher les terres arables trop humides.

Il y a des champs qui ne sont trop humides qu'à certaines époques de l'année, et d'autres qui le sont toujours. Les premiers peuvent souffrir beaucoup de l'humidité en hiver et surtout au printemps, tandis qu'en été ils sont trop secs.

Dans le sud, et par conséquent dans les pays chauds, beaucoup de plantes cultivées exigent, à cause de la chaleur, l'irrigation qui exerce une action fertilisante. Dans le nord, où l'air est froid et plus humide, l'irrigation devient superflue et même nuisible ; il faut alors dessécher les champs et les prés.

205. **Dommages causés par l'humidité**. — L'influence nuisible d'une humidité trop grande agit :

1° En entravant les opérations de la culture et de la moisson ;

2° En refroidissant le sol ;

3° En arrêtant les actions chimiques et physiques de l'air sur le sol.

Dans des sols humides, les cultures printanières sont difficiles et souvent retardées après de longues pluies : l'exploitation de ces sols exige un plus grand capital et plus de prévoyance de la part de l'agriculteur, ce qui est une double cause de diminution de leur revenu net.

La chaleur du sol, comme celle de l'air, est une condition essentielle au développement des plantes et à une moisson précoce. Elle est d'autant plus importante que la contrée est à une altitude plus grande, que les étés sont plus courts, et les climats plus froids.

On peut ramener aux causes suivantes le refroidissement du sol :

a. Lors du passage de l'eau à l'état de vapeur, une grande quantité de chaleur est absorbée et par conséquent soustraite au sol et à l'air ; c'est pourquoi une pluie continue peut, même pendant la saison chaude, refroidir encore un sol humide par lui-même.

b. L'eau empêche mécaniquement l'air échauffé de pénétrer dans le sol ; elle est en outre un mauvais conducteur de la chaleur.

c. L'eau perd la chaleur qu'elle a reçue dans les couches supérieures, par suite d'un rayonnement continuel.

La circulation de l'air, l'action de l'oxygène, de l'acide carbonique et de l'ammoniaque sont diminuées et même arrêtées par une trop grande humidité du sol ; elle forme ainsi un obstacle à l'émiettement des terres, à la fermentation et à la décomposition du fumier. Toutes ces causes amoindrissent les récoltes et rendent impossible un bon rendement des cultures par rapport au fumier employé.

206. Causes de la formation des marais. — La trop grande humidité du sol provient de deux causes :

1° Des eaux visibles, soit qu'elles viennent d'étangs, de canaux, etc., ou bien de la pluie et de la neige, lorsqu'elles ne peuvent s'écouler librement ;

2° Des eaux souterraines circulant dans les couches profondes, qui se réunissent pour surgir en forme de sources, et inondent les terrains à mesure que les fleuves se gonflent.

207. L'eau venant de l'atmosphère ne nuit que par sa trop grande quantité ou sa trop grande fréquence jointes à un manque d'écoulement ; cette action peut se produire d'après la position et la forme de la surface des champs, ou bien suivant les propriétés du sol arable et du sous-sol.

Lorsque, dans des champs bombés, la pente pour un prompt

écoulement manque au sous-sol imperméable, l'eau de pluie est alors forcée de s'évaporer lentement et imprègne le sol d'une humidité excessive.

Dans un sous-sol chaud et poreux, le dommage est moins grand, surtout en été ; mais dans des terrains imperméables, compactes, et dans des terres argileuses, l'eau stagnante nuit beaucoup en automne, en hiver et au printemps, parce que les plantes gèlent et que la terre arable se recouvre d'une croûte qui les fait périr.

Pour obvier à ces inconvénients, outre l'ouverture de canaux destinés à emmener l'eau, on a recours à la culture en dos d'âne et en billons.

208. Les eaux souterraines se trouvent soit dans les couches inférieures, soit dans les couches moyennes du sous-sol, surtout lorsque ces couches se composent de débris de rochers, de sable et de gravier qui reposent sur des lits imperméables de glaise ou d'argile.

Elles nuisent d'autant moins qu'elles se trouvent à une plus grande profondeur.

Par suite de la capillarité, l'eau monte, dans la terre glaise, de $0^m,54$ à $0^m,60$, et dans l'argile encore plus haut, ainsi que dans les terres sablonneuses : c'est dans les terrains tourbeux que l'ascension est la plus forte et qu'elle nuit davantage. Cette propriété cesse dans la terre siliceuse. Il faut non-seulement abaisser le niveau des eaux souterraines à une grande profondeur, afin qu'elles ne saturent plus la surface, mais encore il faut leur donner un écoulement facile, pour que toute accumulation et toute ascension soient impossibles.

Dans ce cas, les eaux qui se trouvent à la surface se réunissent aux eaux souterraines et ne deviennent plus nuisibles.

MÉTHODES DE DESSÉCHEMENT.

209. On dessèche les champs :
1° Par la perforation, en établissant des puits absorbants ;
2° Par des fossés ouverts ;
3° Par des canaux couverts.

On ne peut considérer la première méthode que comme une exception. Elle dépend tellement de causes locales et fortuites, qu'il n'en est question que quand on ne peut pas employer les autres moyens de desséchement par suite du manque de pente. Dans les plaines, elle s'ajoute à l'une des deux autres méthodes, pour un écoulement préparatoire.

210. Desséchement par des fossés ouverts. — Ce système est indiqué lorsque l'eau qui coule dans les champs doit complétement disparaître ou lorsqu'il faut détourner une source.

Dans le cas où l'on veut se débarrasser d'eaux souterraines, il suffit souvent de creuser des fossés depuis les points où elles se trouvent jusqu'à un canal récepteur.

Lorsque les eaux souterraines rendent un champ tellement marécageux que ces eaux se répandent partout dans la couche perméable du sous-sol, et que, par suite de la capillarité, elles montent jusqu'à la couche arable, on peut alors, au moyen d'un seul fossé ouvert, dont la double pente et la profondeur soient bien calculées, absorber ou détourner cette eau nuisible. La figure 66 montre

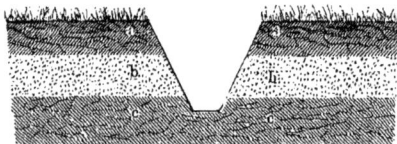

Fig. 66.

un exemple de ce cas. *aa* représente la terre labourable ou la prairie; *bb*, la couche renfermant l'eau; *cc*, la couche imperméable. Le fond du fossé doit se trouver dans la couche imperméable, et le niveau de l'eau souterraine sera abaissé à une profondeur où elle ne pourra plus nuire. Ce travail est quelquefois empêché ou rendu difficile par les sables mouvants; les talus du fossé s'écroulent, et on ne peut obtenir la profondeur nécessaire et la durée des parois qu'en les recouvrant de gazon ou en y plantant des saules.

211. L'enlèvement de l'eau par des fossés ouverts est particulièrement indiqué et d'un effet complet là où l'eau souterraine, dans les couches perméables d'un champ, se met au même niveau, et où, par conséquent, un fossé profond peut l'attirer à une grande distance.

Les fossés ouverts sont donc d'après cela, techniquement parlant, applicables surtout aux champs cultivés. Il faut pourtant tenir compte des inconvénients suivants :

a. Comme il faut, pour avoir des fossés solides, leur donner une grande ouverture, plus ils sont profonds, plus cette ouverture doit être large, et plus, par conséquent, ils enlèvent de terrain à la culture.

b. Ils rendent, en outre, difficiles la culture et la moisson ; d'où il s'ensuit que les propriétaires ne peuvent en faire usage dans les petites parcelles.

c. Non-seulement les frais d'établissement des fossés profonds et larges deviennent plus chers tous les ans, mais encore leur curage répété constitue une servitude onéreuse. Les fossés ouverts ne sont donc économiques que là où le prix de la terre et celui de la main-d'œuvre sont peu élevés, et où une exploitation peut s'étendre sans difficulté.

212. Un exemple intéressant de l'enlèvement de l'eau nuisible d'une prairie marécageuse est représenté dans la figure 67. $aa'a''$ était un petit ruisseau situé dans la partie la plus basse de la prairie tourbeuse, comme l'indiquent les lignes horizontales ponctuées. Ce ruisseau avait un fond de sable mouvant dans lequel l'eau, venant de plus haut, s'infiltrait à droite et à gauche. Il n'était pas possible d'abaisser le niveau du ruisseau, parce que la pression de l'eau faisait glisser le sable mouvant des parois sur le fond. On pratiqua le long des talus, tout près de ceux-ci, deux fossés de dérivation yy' et xx' fortement ouverts, que l'on réunit au ruisseau en a''. Par ce moyen, les eaux souterraines furent arrêtées en grande partie avant d'entrer dans le milieu de la vallée. La terre tourbeuse et le sable provenant du creusement des fossés furent employés à construire des ados naturels, de telle sorte qu'il y a maintenant un fossé d'amenée là où le ruisseau coulait autrefois de a en a''. En couvrant de sable à différentes reprises ce terrain dont le plan n'avait été établi que grossièrement, on a fini par constituer une très-bonne prairie irrigable produisant des herbes douces à peu de frais, tandis qu'autrefois elle ne donnait que des herbes aigres et des mousses de marais.

Le grand avantage des fossés ouverts, dans les pays de plaines, consiste en ce qu'ils peuvent être construits avec des pentes extrêmement faibles, et qu'ils reçoivent cependant les eaux souterraines et celles de la surface.

213. **Desséchement par canaux couverts.** — Lorsque l'eau souterraine suinte de toutes parts et également sur une grande surface, les inconvénients énoncés ci-dessus [211] rendent impraticables les fossés ouverts, qu'on serait obligé de trop multiplier. Dans ce cas, des canaux couverts sont absolument nécessaires.

Leur exécution peut se faire de différentes manières. Le principe est toujours une tranchée de largeur et de profondeur moyennes, variant suivant les circonstances, dans laquelle on place des fascines

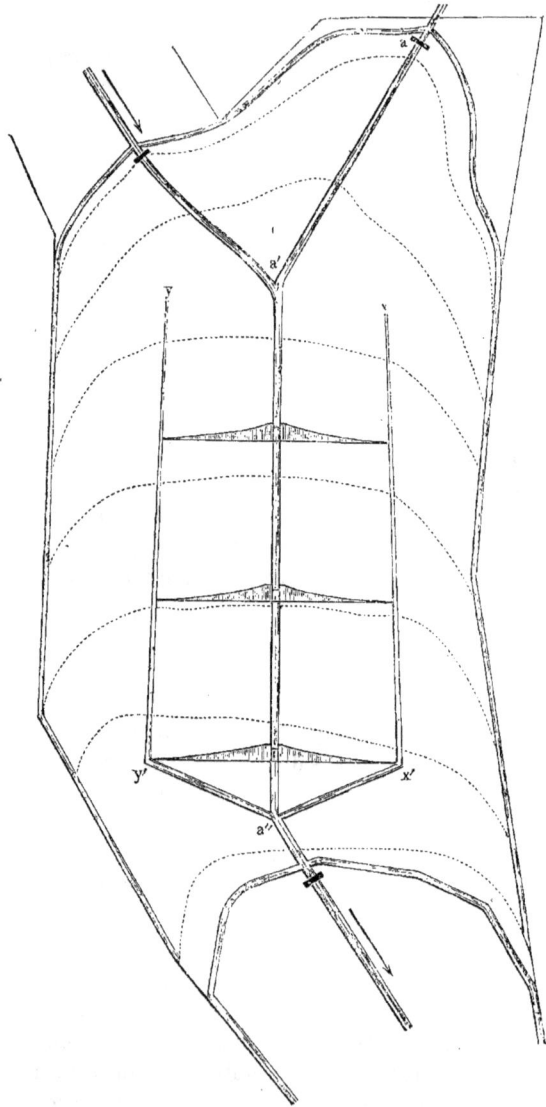

Fig. 67.

formées de broussailles liées ensemble, ou bien des pierres plus ou moins grosses, de façon à maintenir toujours libre le passage de l'eau.

La figure 68 montre un drain en gazon et en broussailles, et la figure 69 un drain en fascines.

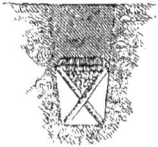

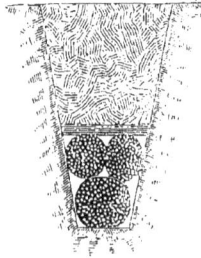

Fig. 68.

Fig. 69.

La figure 70 donne le modèle d'une forme de drain établi avec les pierres qui se trouvent dans les champs, recouvertes de gazon : on évite ainsi d'employer une trop grande quantité de pierres.

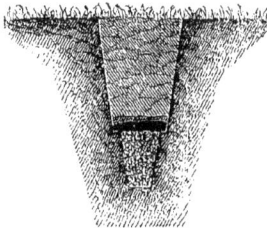

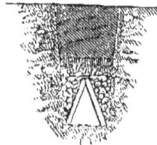

Fig. 70.

Fig. 71.

La figure 71 représente un canal fait avec des pierres de carrières.

214. L'efficacité de ces différentes sortes de drains est prouvée par l'expérience, mais leur durée et les résultats qu'on en obtient sont très-variables.

Pour les drains en bois, les saules et les aulnes durent le plus longtemps : dans les canaux faits avec les pierres des champs, l'eau ne s'écoule que lentement.

Dans tous les fossés, la terre venant du sol et des parois se tasse et bouche peu à peu les passages.

Dans des prés aigres, il se forme au milieu des pierres un tissu feutré de racines qui peu à peu finit par arrêter complétement l'écoulement de l'eau.

Les drains représentés par la figure 71 sont les moins sujets à cet inconvénient; mais leur construction est plus coûteuse que celle de tous les autres, qui exigent cependant un transport plus considérable de pierres. En outre, la plupart du temps, ils n'ont pas assez de profondeur pour enlever l'eau des couches situées au-dessous d'eux.

En somme, les résultats de tous ces drains ne répondent pas aux frais qu'ils occasionnent, et ils peuvent suffire tout au plus à une culture extensive, depuis qu'on connaît une construction moins chère et plus solide en tuyaux d'argile cuite.

Les tuiles creuses reposant sur une base plate en argile (*fig.* 72)

Fig. 72.

forment une transition avec ces derniers, que l'on a employés d'abord en Angleterre.

215. **Drainage avec des tuyaux d'argile.** — Depuis cinquante ans cette méthode, connue spécialement sous le nom de drainage, s'est répandue d'Angleterre sur le continent et y a été appliquée, améliorée et portée, surtout en Allemagne, au plus haut degré de perfectionnement. C'est à Vincent que revient le mérite d'avoir fait le premier l'essai d'une théorie de drainage. De Möllendorff, Wœge et Jahn ont essayé de déterminer par des expériences le mouvement de l'eau dans les tuyaux et d'établir des formules. La commission royale de Silésie a ensuite rassemblé, dans une instruction pour les arpenteurs et les draineurs, les principes reconnus dans une suite suffisante d'expériences.

Le desséchement des champs est alors entré dans une ère nouvelle; il est devenu possible sur une grande échelle par le drainage avec des tuyaux en argile, et l'on put ériger en une science les principes établis pour l'exécution de ces conduits cachés, extrêmement simples, peu coûteux, durables et par conséquent très-pratiques, appelés *drains*.

216. Principes du drainage. — L'application du drainage sur un champ embrasse, outre le projet du plan :

1° L'établissement des tranchées ;

2° La détermination du calibre des tuyaux et de la longueur des drains ;

3° La pose des tuyaux.

Après leur direction, le point le plus important pour l'établissement des tranchées, c'est leur forme. — Le premier principe est de ménager autant que possible le travail de manipulation de la terre. C'est pourquoi on donne à la tranchée peu de largeur à l'orifice et encore moins au fond, comme dans la figure 73.

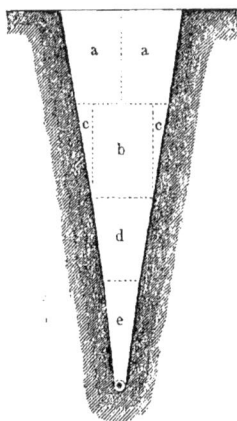

Fig. 73.

L'orifice varie, suivant la profondeur du fossé, la nature du sol et du sous-sol et l'adresse des ouvriers, entre 0^m,40 et 0^m,60.

Le fond doit être proportionné au diamètre des tuyaux pour que ceux-ci soient solidement fixés ; c'est pourquoi on le fait ordinairement un peu moins large que le pied de l'ouvrier.

On obtient facilement ces dimensions lorsque le travail des tranchées n'est pas gêné par une terre compacte ou pierreuse, et lorsqu'on peut se servir des outils de drainage qu'emploient les Anglais.

217. Outils de drainage. — Une collection d'outils de drainage anglais consiste d'ordinaire en bêches plates (*fig.* 74, 75 et 76) ; en bêches creuses (*fig.* 77) ; en pelles en col de cygne ou écopes (*fig.* 78

Fig. 74.   Fig. 75.   Fig. 76.   Fig. 77.

et 79) ; en curettes de fond ou dragues (*fig.* 80). Pour briser les pierres on emploie le pic à pédale (*fig.* 81).

Pour creuser les tranchées, on se sert d'abord de la bêche plate, avec laquelle on trace la largeur de la tranchée en enlevant deux prismes *a, a* (*fig.* 73), l'un à côté de l'autre ; un troisième prisme *b* est enlevé avec la même bêche. La terre qui s'émiette peut être jetée au dehors avec une pelle ordinaire.

Une quatrième section faite avec la bêche (*fig.* 75), enlève la terre *d ;* et une cinquième tranche la terre *e* avec la bêche (*fig.* 76). La terre désagrégée en *d* est enlevée avec la pelle en col de cygne ou avec l'écope, et celle du fond avec la curette ou drague de fond (*fig.* 80), qui sert en même temps à niveler la surface sur laquelle reposent les tuyaux.

On se sert de la bêche creuse pour creuser la terre au fond, ou bien dans des cas exceptionnels, lorsqu'on opère dans des terrains trop durs où il faut entamer les pierres.

218. Le bêchage pour le creusement des tranchées rend le travail meilleur marché que le piochage, qui augmente le volume de terre à enlever. Malheureusement il est souvent indispensable d'employer la pioche, surtout pour le drainage dans les montagnes, lorsqu'on rencontre de grosses pierres ou du gravier compacte, parce qu'alors

il faut rendre le fossé plus large qu'on n'avait l'intention de le faire. La même nécessité se présente lorsque les talus s'éboulent, ce que l'on ne peut empêcher qu'en les garnissant de planches, surtout si

Fig. 78.　　　　Fig. 79.　　　　Fig. 80.　　　　Fig. 81.

la tranchée est faite dans des couches de sable mouvant (1). Les ustensiles dont nous avons parlé plus haut, deviennent alors inutiles, et l'on doit se servir de pioches, de pics et de pelles ordinaires. Pour enlever la terre végétale, on peut employer la bêche de jardinier.

219. Profondeur des tranchées. — La profondeur des tranchées varie suivant les localités. Cependant pour empêcher l'eau de geler dans les tuyaux, l'expérience indique qu'elle ne doit pas être inférieure à $0^m,90$. En moyenne elle doit avoir de $1^m,05$ à $1^m,20$.

(1) Dans ces cas, on doit avoir recours à des seaux pour enlever le sable et la vase avec l'eau.

Dans les sols qui s'affaissent par l'enlèvement de l'eau ou par la décomposition, comme la tourbe, par exemple, il faut drainer encore plus profondément (1).

Lorsqu'on rencontre des eaux souterraines, la profondeur des tranchées doit être d'autant plus grande que la capillarité du sol est plus considérable.

Dans le cas où le manque d'écoulement ne permettrait pas d'approfondir les tranchées, on pourrait quelquefois, dans les prairies, placer une ligne de drains sous la ligne de faîte des ados, que l'on construit alors plus élevés.

La distance des tranchées entre elles est encore à considérer dans la détermination de la profondeur. [*Voy.* 223.]

220. **Pente des tranchées**. — Une pente faible sur une grande longueur de tranchée est facile à faire pour des ouvriers exercés lorsque cette pente est de 2 1/2 pour 1000 ; dans bien des cas, il faut aller jusqu'à 3 pour 1000.

Lorsque la surface d'un champ offre une pente plus faible que celle qui vient d'être indiquée, il faut souvent avoir recours aux fossés ouverts, dans lesquels l'écoulement de l'eau est encore possible avec une pente de 1/3 pour 1000. Dans d'autres cas on donne aux lignes de drains la pente de la surface. Il arrive cependant, quand la pente est forte et qu'il y a beaucoup d'eau dans les tranchées, que les tuyaux sont dérangés : la pose devient alors difficile. Dans ce cas il est évident qu'il ne faut pas donner à la tranchée autant de pente qu'en a la surface.

221. **Direction des tranchées**. — Pour ce point, l'expérience a appris, et il faut admettre comme règle, que les tranchées doivent, autant que possible, être parallèles à la ligne de plus grande pente (2), et par conséquent perpendiculaires aux lignes horizontales que l'on a tracées sur le champ. Il s'ensuit que la direction des tranchées doit changer avec l'inclinaison du terrain.

Ce qui vient d'être dit n'est applicable qu'aux petits drains *h*, *s* (*fig.* 82), destinés à recueillir l'eau sur toute la surface et à la livrer aux drains collecteurs *abc*, *de*, *fg*. Ceux-ci, qui sont placés dans les parties basses du champ, forment des angles plus ou moins

(1) Pour enlever l'eau des souterrains, des caves des maisons, des cimetières, l'auteur a drainé très-efficacement à une profondeur de 1 à 2 mètres.
(2) Pour connaître la ligne de plus grande pente, consulter les numéros 63 et 64, où cette question est étudiée.

aigus avec les petits drains, et jettent leur eau dans un canal, un fossé ou un ruisseau en x et en c.

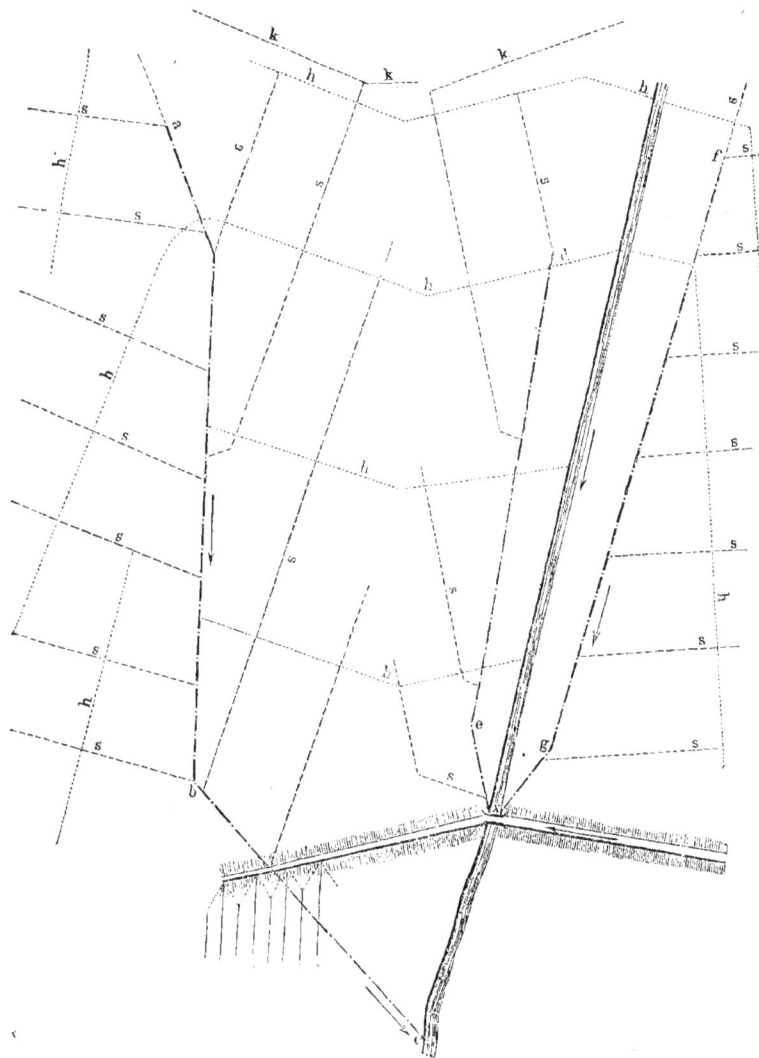

Fig. 82.

On emploie encore des drains de tête k, k, qui se placent en travers des lignes de petits drains, et à leur naissance. Ces drains de tête sont destinés à couper l'eau dans des endroits particuliers des champs, comme par exemple à leurs limites, au delà desquelles on ne peut pas prolonger les petits drains qui conduisent ensuite l'eau au collecteur par le plus court chemin.

La base de la tranchée du drain collecteur doit se trouver à quelques pouces au-dessous du niveau des petits drains.

222. Distance des drains. — On ne peut pas donner de règles fixes pour la distance des lignes de drains entre elles. En général, les drains doivent enlever entièrement l'eau des surfaces qu'ils traversent ; mais, à cause de la dépense, ils ne doivent pas être plus rapprochés qu'il n'est absolument nécessaire.

La distance des lignes de petits drains varie avec la quantité des eaux, avec la constitution du sous-sol, la profondeur et la pente des tranchées, la longueur du conduit et le calibre des tuyaux ; on la limite ordinairement entre 8 et 18 mètres. Il faut d'ailleurs s'en rapporter à l'expérience et à l'intelligence de l'ingénieur pour la détermination de la distance que doivent avoir les lignes de drains entre elles.

223. Parmi les conditions qui font varier l'écartement des lignes de drainage, la profondeur de la tranchée a une importance particulière.

Pour que l'eau d'un terrain situé entre les fossés x, x' (*fig.* 83)

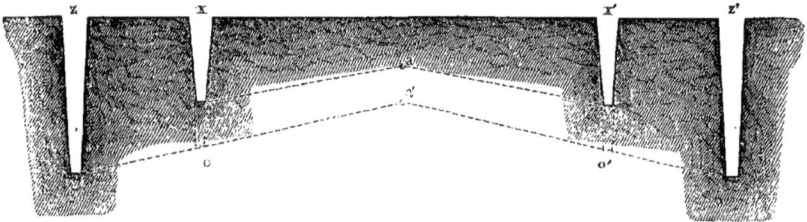

Fig. 83.

puisse parvenir dans ces fossés, il faut dans le sol une pente d'autant plus forte, à partir du milieu vers les côtés, que le sol à traverser est plus profond et que les fossés sont plus éloignés les uns des autres. Cette pente est figurée dans la figure 83 par les deux lignes dont le sommet est en a ; c'est la surface d'écoulement de l'eau souterraine. D'après les principes énoncés ci-dessus [219], il faut que ce point a soit placé assez bas pour que la capillarité du sol n'ait plus d'effet; si l'on avait à craindre son influence dans les fossés xy, et $x'y'$, on pourrait alors abaisser le niveau de ces fossés de y en o et de y' en o'; le niveau de l'eau descendrait alors de a en a'. Cet abaissement du fond des tranchées permettrait de les reculer en z, z', sans que la pente pour l'écoulement de l'eau en fût affaiblie.

224. L'eau venant du milieu ne coulera jamais en ligne perpendiculaire vers les petits drains, mais en ligne diagonale et sous un angle d'autant plus aigu que la plus grande pente est plus forte. Plus les pentes à dessécher sont rapides, plus les drains de tête sont utiles [221].

On a réussi, à l'aide de ces drains, à dessécher et à rendre solides les parois de tranchées de chemins de fer qui étaient remplies d'eau.

Pour mesurer la distance que l'on doit donner aux lignes de petits drains entre elles, on peut admettre comme règle que cette distance doit être dans le rapport de 10 ou 15 à 1 avec la profondeur des tranchées, suivant la plus ou moins grande porosité du sol.

Sous les climats chauds, il paraît inutile, même dans un sol argileux, de rapprocher beaucoup les lignes de drains, parce que le dessèchement par les tuyaux modifie peu à peu la cohésion du sol, lorsqu'on lui enlève sa trop grande humidité et que le sous-sol est fermé à l'accès de l'air [250].

225. **Calibre des tuyaux**. — Le calibre des tuyaux ou leur diamètre intérieur varie suivant la forme des presses qui servent dans les différentes fabriques.

On n'en fait pas qui aient moins de 2^{centim.},75 et plus de 10^{centim.},5 de diamètre. Le tableau suivant donne la surface de la coupe, le poids et le prix du mille pour des tuyaux de dix calibres différents compris entre ces deux limites. La longueur des tuyaux est de $0^m,33$.

TABLEAU.

NUMÉROS DES TUYAUX.	DIAMÈTRES.	SURFACES DE LA COUPE.	POIDS DU MILLE de TUYAUX.	PRIX DU MILLE de TUYAUX.
	centim.	centim. car.	quintaux.	francs.
1	2,75	5,940	12	21,45
2	3,25	8,296	15	25,70
3	3,75	11,045	18	30,00
4	4,50	15,904	25	42,85
5	5,00	19,635	30	51,45
6	5,75	25,967	35	60,00
7	6,00	28,274	40	64,30
8	8,00	50,265	50	75,00
9	9,50	70,882	60	96,45
10	10,50	86,590	70	115,70

En règle générale, il faut employer des tuyaux d'un diamètre aussi petit que le permet la quantité maximum d'eau à enlever. Si le fond est uni et les tuyaux bien posés, la vase et le sable qui y pénètrent sont emmenés plus facilement que si les tuyaux sont trop larges.

L'expérience a prouvé que les plus petits tuyaux, ceux de 2 centimètres 3/4 de diamètre, sont difficiles à poser lorsque la pente est faible et qu'ils ne fonctionnent pas toujours bien. Il ne faut donc les employer que dans de fortes pentes et pour de courtes distances qui permettent de faire le travail exactement. Les calibres les plus employés sont ceux de 3 centimètres 1/4 et 3 centimètres 3/4.

226. **Vitesse de l'eau dans les tuyaux.** — Cette donnée dépend de la pente et du rapport existant entre la circonférence et la coupe transversale des tuyaux ; avec l'agrandissement du diamètre elle devient plus grande, et *vice versâ*.

Les aspérités intérieures, le peu de longueur des tuyaux ($0^m,33$), les nombreux raccords qui en résultent, les courbes inévitables, l'impossibilité d'ajuster exactement les ouvertures, diminuent encore très-sensiblement la vitesse, comparée à celle existant dans des tuyaux fermés et unis.

D'après les calculs consignés dans la première partie de cet ouvrage [78] la moindre vitesse est de $0^m,225$ par seconde pour les tuyaux ouverts en argile. De Möllinger a corrigé par des expériences la formule d'Eitelwein pour la vitesse de l'eau dans les tuyaux de drainage, et il a trouvé

$$v = 3{,}596 \sqrt{\frac{46{,}5 \times d \times h}{l + 46{,}5 \times d}}.$$

v désigne la vitesse de l'eau, d le diamètre des tuyaux, h la pente sur une longueur l : d'où il suit que pour $l = 1000$ et $v = 0^m,225$, on aura :

$$h = \frac{50{,}625 + 2{,}354 \times d}{601{,}299 \times d},$$

formule d'après laquelle on trouve les pentes minima suivantes pour différents calibres :

DIAMÈTRE des tuyaux. centim.	PENTE pour 1,000.
2,75	3,072
3,25	2,602
3,75	2,253
4,50	1,883
5,00	1,698
5,75	1,476
6,00	1,415
8,00	1,040
9,50	0,899
10,50	0,817

227. Avec ces pentes, les tuyaux des différents calibres enlèveraient par seconde les quantités d'eau suivantes :

centim.	décim. cubes.
2,75	0,14985
3,25	0,18657
3,75	0,24840
4,50	0,35775
5,00	0,44172
5,75	0,58428
6,00	0,63639
8,00	1,13076
9,50	1,59435
10,50	1,94832

228. **Comparaison des différentes quantités d'eau tombée.** — Des observations pluviometriques faites de 1842 à 1845 dans les plaines du Rhin central, à Wiesbaden, et dans les mon-

tagnes (Westerwald), ont donné les hauteurs moyennes annuelles d'eau suivantes :

Pour les plaines....................... 0^m,72
Pour les montagnes................... 1^m,3998

d'où résultent des moyennes mensuelles de 0^m,06 pour les premières et de 0^m,12 pour les secondes.

En se basant sur ces données, on trouve que la quantité d'eau reçue sur un quart d'hectare avec une hauteur de 0^m,06 de pluie, est :

	m. cubes.
Par mois, de.....................	150
Par jour, de.....................	5
Par heure, de....................	2,0833
Par minute, de..................	0,003472
Par seconde, de.................	0,00005787

Avec une hauteur d'eau de 0^m,09, une surface de un quart d'hectare reçoit :

	m. cubes.
Par mois.........................	225
Par jour.........................	7,5
Par heure........................	0,3125
Par minute.......................	0,00521
Par seconde......................	0,000087

Avec une hauteur de 0^m,12 d'eau on a par seconde, 0^{mc},00011574 sur un quart d'hectare.

229. Quantités d'eau à enlever. — Si l'on considère maintenant que dans certains mois la quantité d'eau tombée est beaucoup plus forte que les moyennes données ci-dessus (par exemple, au mois de mars 1842, on avait à Wiesbaden 0^m,1116 et à Neukirch 0^m,3755), et qu'en outre, dans beaucoup de sols, il y a des eaux souterraines en grande quantité, on voit que les tuyaux de drainage doivent être d'un diamètre assez grand pour enlever le double de la quantité moyenne d'eau reçue par mois.

D'après cela, en prenant l'exemple ci-dessus, la quantité d'eau à faire écouler par seconde et par quart d'hectare serait :

	décim. cubes.
Pour Wiesbaden...	0,115722
Pour Neukirch...................	0,231444

Des pluies exceptionnelles peuvent être négligées, parce que le sol étant une fois saturé d'eau, le reste s'écoule.

230. La comparaison de la quantité d'eau à enlever d'un sol dans un temps donné et sur une étendue donnée, avec la quantité d'eau emmenée par des tuyaux d'un calibre quelconque, permet de mesurer l'étendue de l'action asséchante de ces tuyaux. Ainsi, par exemple, en nous servant des chiffres précédents, veut-on savoir ce que dessécherait une ligne de drains du calibre de 2 centimètres 3/4 à Wiesbaden? Il faut diviser la quantité d'eau écoulée en une seconde dans des tuyaux de ce calibre, $0^{dc},14985$, par la quantité d'eau à enlever en une seconde par hectare, qui est de $0^{dc},115722 \times 4$ ou $0^{dc},462888$. On obtiendra un nombre x qui représentera la fraction d'hectare que cette ligne de drains peut assécher. Ainsi :

$$x = \frac{0,14985}{0,462888} = 0^{hect},325$$

D'après cela on a établi la table suivante :

tuyaux	POUR WIESBADEN. hectares.	POUR NEUKIRCH. hectares.
N° 1..........................	0,325	0,163
— 2..........................	0,402	0,203
— 3..........................	0,538	0,270
— 4..........................	0,773	0,388
— 5..........................	0,955	0,478
— 6..........................	1,263	0,633
— 7..........................	1,375	0,688
— 8..........................	2,445	1,223
— 9..........................	3,445	1,723
— 10..........................	4,210	2,105

231. Dans la pratique, la vitesse minimum par seconde est plus grande que celle ($0^m,225$) qui a servi à calculer les débits ci-dessus ; c'est pourquoi la vitesse et les masses d'eau que fournit un même calibre de tuyaux croissent proportionnellement à la pente. La surface que les drains peuvent dessécher est en rapport direct avec cette quantité.

La table suivante donne pour une pente de tant pour 1000 les vitesses et les masses d'eau écoulée, d'après les numéros des calibres de 1 à 10 (1).

(1) Le calcul de la vitesse de l'eau a pour base la formule donnée au n° 226. La quantité d'eau M est le produit de la section q (n° 225) par la vitesse v.

PENTE P. 1.000.		1	2	3	4	5	6	7	8	9	10
	$d=$	0,275	0,325	0,375	0,450	0,400	0,575	0,600	0,800	0,950	1,050
1	v	1,2807	1,3920	1,4967	1,6389	1,7298	1,8524	1,8912	2,1813	2,3748	2,4930
	M	0,0853	0,1153	0,1658	0,2611	0,3124	0,4803	0,5346	1,0954	1,6821	2,4284
1,5	v	1,5684	1,7049	1,8330	2,0073	2,1186	2,2708	2,3163	2,6715	2,9085	3,0531
	M	0,1045	0,1412	0,2030	0,3197	0,4158	0,5883	0,6545	1,3419	2,0601	2,6433
2	v	1,8288	1,9683	2,1132	2,3175	2,4459	2,6208	2,6742	3,0843	3,3579	3,5250
	M	0,1218	0,1631	0,2338	0,3691	0,4798	0,6793	0,7557	1,5490	2,3784	3,5208
2,5	v	2,0247	2,2008	2,3664	2,5911	2,7348	2,9301	2,9901	3,1485	3,7545	3,9414
	M	0,1347	0,1823	0,2619	0,4128	0,5365	0,7595	0,8451	1,5811	2,6592	3,4120
3	v	2,2179	2,4108	2,4923	2,7386	2,9961	3,2100	3,2757	3,7779	4,0133	4,3179
	M	0,1477	0,1995	0,2870	0,4523	0,5878	0,8321	0,9258	1,8973	2,1330	3,7384
4	v	2,5614	2,7840	2,9934	3,2778	3,4596	3,7068	3,7824	4,3626	4,7496	4,9860
	M	0,1706	0,2306	0,3313	0,5222	0,6788	0,9609	1,0689	2,1908	3,3642	4,3168
5	v	2,8638	3,1125	3,3465	3,6645	3,8679	4,1442	4,2288	4,8774	5,3100	5,5743
	M	0,1906	0,2579	0,3704	0,5837	0,7590	1,0741	1,1940	2,4494	3,7611	4,8249
6	v	3,1365	3,4089	3,6644	4,0137	4,2363	4,5390	4,6314	5,3421	5,8158	6,1053
	M	0,2090	0,2822	0,4058	0,6394	0,8311	1,1764	1,3090	2,6827	4,1194	5,2861
7	v	3,3888	3,6831	3,9603	4,3365	4,5771	4,9041	5,0040	5,7717	6,2838	6,5964
	M	0,2257	0,3044	0,4385	0,6909	0,8980	1,2712	1,4143	2,8985	4,4496	5,7110
8	v	3,6219	3,9366	4,2327	4,6347	4,8918	5,2413	5,3484	6,1686	6,7158	7,0503
	M	0,2411	0,3259	0,4685	0,7385	0,9599	1,3586	1,5115	3,0980	4,7574	6,1042
9	v	3,8421	4,1760	4,4901	4,9167	5,1894	5,5602	5,6736	6,5439	7,1244	7,4890
	M	0,2560	0,3459	0,4971	0,7833	1,0182	1,4413	1,6033	3,2864	5,0736	6,4746
10	v	4,0497	4,4016	4,7325	5,1822	5,4696	5,8605	5,9799	6,8973	7,5090	7,8828
	M	0,2697	0,3618	0,5238	0,8254	1,0733	1,5190	1,6899	3,4638	5,3187	6,8251
20	v	5,7273	6,2250	6,6933	7,3293	7,7358	8,2884	8,4573	9,7548	10,6200	11,1378
	M	0,3815	0,5154	0,7409	1,1675	1,5177	2,1484	2,3900	4,8989	7,5222	9,6525
30	v	7,0143	7,6239	8,1975	8,9763	9,4740	10,1511	10,3581	11,9469	13,0068	13,6542
	M	0,4671	0,6313	0,9075	1,4299	1,8587	2,6612	2,9271	5,9994	9,2124	11,8217
40	v	8,7003	8,8044	9,4665	10,3659	10,9410	11,7228	11,9619	13,7967	15,0207	15,7683
	M	0,5395	0,7290	1,0479	1,6513	2,1465	3,0386	3,3804	6,9282	10,638	13,6523
50	v	9,0558	9,8427	10,5831	11,6887	12,2313	13,1055	13,3728	15,4239	16,7922	17,6280
	M	0,6032	0,8149	1,1714	1,8460	2,6698	3,3969	3,7789	7,7458	11,8935	15,2623

232. Dans ce tableau la pente calculée pour les divers calibres des tuyaux est la pente minimum. Dans une pente de 1 pour 1000, par exemple, on obtient la vitesse minimum de 0^m,225 par seconde seulement avec les numéros 8 ou 9; dans une pente de 1,5 pour

1000 on l'obtient avec le n° 6. Il est évident que plus la pente et la vitesse s'accroissent, plus on peut enlever d'eau avec le même numéro de tuyaux. Ainsi le n° 4 donne, avec une pente de 1 pour 1000, $0^{dc},2611$ d'eau par seconde, ou un peu moins que le n° 1 n'en enlèverait avec une pente de 10 pour 1000, puisque dans ce dernier cas le débit est de $0^{dc},2697$ d'eau par seconde.

233. Le même tableau montre encore [d'après 230] le nombre d'hectares que les tuyaux de différents calibres peuvent dessécher avec des pentes diverses.

Les nombres qui se trouvent dans le tableau du § 234 se rapportent à la quantité d'eau moyenne qui est tombée à Wiesbaden.

Pour les pays de montagnes, il faut prendre seulement la moitié du nombre d'hectares par rapport au numéro des calibres.

234. **Longueur des conduits.** — Cette longueur dépend surtout de la position et de la forme de la surface, de la pente, de la quantité d'eau à enlever et du calibre des tuyaux à employer. Mais en ayant recours aux calculs précédents, on procède bien plus sûrement qu'en déterminant la distance des drains.

Lorsque [222 à 224] la distance possible des lignes de drains entre elles est déterminée conformément aux circonstances locales, on peut alors calculer, à l'aide du tableau suivant, la longueur des lignes de drains qui peuvent être posées avec le même numéro de tuyaux.

Si, par exemple, on avait à poser, dans un terrain offrant une pente de 4 pour 1000, de petits drains à une distance de 12 mètres les uns des autres, on arriverait, en prenant des tuyaux n° 1, à dessécher une surface de 36 ares 75 avec une longueur de $\frac{3675}{12} = 305$ mètres.

Si on voulait employer le n° 2, on dessécherait une surface de 49 ares 75 avec $\frac{4975}{12} = 415$ mètres de tuyaux; et si l'on voulait se servir des deux calibres, ils suffiraient à une surface de 47 ares 50 : il reviendrait alors au n° 2 une longueur de 85 mètres et au n° 1 305 mètres.

TABLEAU.

12

TABLEAU DONNANT LA SURFACE DESSÉCHÉE OBTENUE PAR LES DIFFÉRENTS CALIBRES DE TUYAUX POUR UNE HAUTEUR D'EAU MOYENNE DE $0^m,06$ PAR MOIS ET PAR HECTARE.

PENTE p. 1,000.	1	2	3	4	5	6	7	8	9	10
	hectar.	hectar.	hectar.	hectar.	hectar.	hectar.	hectar.	hectar.	hectar.	hectar.
1	0,1850	0,2500	0,3575	0,5650	0,7325	1,0375	1,1550	2,3675	2,6350	4,6625
1,5	0,2325	0,3050	0,4375	0,6900	0,8975	1,2700	1,4150	2,9000	4,4500	5,7100
2	0,2625	0,3525	0,5050	0,7975	1,0375	1,4675	1,6325	3,3475	5,1375	6,5925
2,5	0,2900	0,3925	0,5650	0,8925	1,1600	1,6400	1,8250	3,4150	5,7450	7,3700
3	0,3200	0,4300	0,620	0,9775	1,2700	1,7975	2,0000	3,6000	6,2925	8,0775
4	0,3675	0,4975	0,7150	1,1275	1,4675	2,0750	2,3100	4,7325	7,2675	9,3250
5	0,4125	0,5575	0,8000	1,2600	1,6400	2,3200	2,5835	5,2925	8,1250	10,4225
6	0,4525	0,6100	0,8775	1,3800	1,7950	2,5425	2,8275	5,7900	8,9000	11,42
7	0,4875	0,6575	0,9475	1,4925	1,9400	2,7450	3,0550	6,2625	9,6125	12,3375
8	0,5205	0,7050	1,0125	1,590	2,0725	2,9350	3,2650	6,6925	10,2775	13,1875
9	0,5525	0,7475	1,0750	1,6925	2,2000	3,1125	3,4625	7,1000	10,96	13,9875
10	0,5825	0,7825	1,1325	1,7825	2,3175	3,2825	3,8500	7,4825	11,49	14,725
20	0,8250	1,1125	1,6000	2,5225	3,2775	4,6875	5,1625	10,5825	16,25	20,85
30	1,0100	1,3850	1,9500	3,0900	4,0150	5,6250	6,3225	12,9600	20,90	25,54
40	1,1650	1,5750	2,2650	3,5675	4,6375	6,5650	7,3020	14,9675	22,98	29,49
50	1,3025	1,7000	2,5300	3,9875	5,1850	7,3375	8,1650	16,73	25,69	32,97

Il est évident que ces calculs ne sont qu'approximatifs, mais ils suffisent comme points de repère pour une estimation que l'expérience ne pourrait donner.

235. Quand on détermine le calibre des tuyaux pour un drain collecteur, on prend en considération toute la surface desséchée par les petits drains qui y débouchent.

Cette surface est en terme moyen égale au produit de la longueur des lignes de drains par leur distance entre elles.

Si cette distance est par exemple de 15 mètres et si l'on a 6 petites lignes de drains de 430 mètres chacune, la surface desséchée est alors égale à $15 \times 6 \times 430 = 38700$ mètres carrés.

La masse totale de l'eau écoulée serait [d'après 228 et 229 $0,000115 \times 387000 = \frac{44^{mc},7759}{25000} = 0^{mc},00179$ par seconde.

Si l'on cherche cette quantité d'eau dans la table [234], on trouve alors, pour une pente de drain collecteur de 3 pour 1000, qu'il faut employer, dans les 30 premiers mètres des tuyaux n° 8, au second tiers, des tuyaux n° 7, et aux 30 derniers mètres des tuyaux n° 6. Si on n'avait pas de tuyaux n° 8, il faudrait, pour les remplacer, prendre au moins 3 tuyaux du n° 5, ce qui augmenterait les frais ; car [225] un tuyau n° 8 ne coûte que 0 fr. 75 et 3 tuyaux n° 5 coûtent 1 fr. 55.

236. Cet emploi simultané de plusieurs drains dans une même

tranchée est parfois nécessaire quand on n'a pas de fabrique de tuyaux dans le voisinage et qu'on manque de tuyaux d'un calibre.

On peut alors, comme dans les figures 84 et 85, poser un tuyau

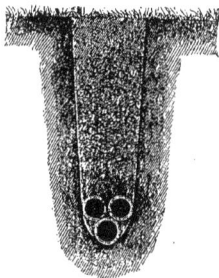 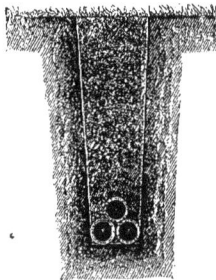

Fig. 84.   Fig. 85.

au fond de la tranchée et deux par-dessus ou bien deux au fond et un au-dessus. L'exécution est plus facile en opérant, comme il est montré figure 85. Le premier cas est cependant préférable, parce que le drain inférieur est du moins rempli d'eau et il ne peut être facilement bouché par le sable ou la vase.

Un autre procédé pour rendre l'emploi de gros tuyaux inutile est de raccourcir les lignes de petits drains pour amener moins d'eau au collecteur. Cela revient à la multiplication des différents systèmes de desséchement pour un même champ [221].

Si la localité exige que l'on emploie des drains collecteurs d'un calibre très-fort, on les remplace en cas de besoin par des fossés ouverts.

237. Pose et recouvrement des tuyaux. — Si l'on fait les fossés en remontant, on pose les tuyaux en descendant.

La règle est de poser les tuyaux aussitôt que les fossés sont achevés, surtout dans un sol léger renfermant beaucoup d'eau souterraine, où l'éboulement est à craindre.

Avant de poser les tuyaux, il faut niveler le fond des tranchées, parce qu'il peut y avoir de la vase et du sable ; on doit aussi s'assurer qu'il ne reste nulle part d'eau stagnante.

Les tuyaux sont posés au moyen de posoirs (*fig.* 86) à partir du bord du fossé, comme on le voit dans la figure 87, ou bien à la main, par un ouvrier qui descend dans le fossé, et qui place les tuyaux en

ligne droite au bout les uns des autres sur le fond. Il faut avoir soin
que les joints soient bien ajustés.

Fig. 86.

238. La pose à la main ne se fait que dans des cas exceptionnels,
lorsque, par exemple, les fossés sont très-profonds et vaseux, ou
bien quand les fossés sont secs et la terre très-dure, parce qu'a-
lors il est très-difficile de niveler le fond et que les tuyaux une fois
posés ne se fixent pas. Ce mode s'emploie encore dans les sables
mouvants, où il faut faire une base en morceaux de planches dans
certains endroits, pour que les tuyaux ne s'enfoncent pas et n'inter-
rompent pas l'écoulement de l'eau.

La pose des tuyaux à l'aide de manchons a été depuis longtemps
rejetée avec raison par la pratique.

Fig. 87.

239. La jonction des petits drains aux drains collecteurs se fait le
mieux de la façon que montrent les figures 88 et 89.

Avec un marteau pointu on pratique aux tuyaux des trous que l'on ajuste, de telle sorte que l'eau du petit drain puisse tomber d'en haut dans le collecteur.

Les embouchures des drains collecteurs doivent être fermées pour empêcher les grenouilles et les rats d'y entrer. Dans ce but,

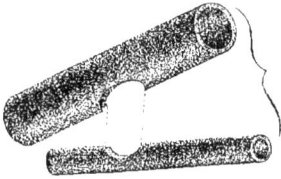

Fig. 88.   Fig. 89.

Petersen a employé des manchons en argile à grilles. D'autres placent aux embouchures des canaux en bois dont le bout est coupé obliquement, de manière à pouvoir y fixer une soupape en cuir que l'on rend plus lourde au moyen d'un morceau de plomb; l'eau qui sort du tuyau fait ouvrir cette soupape, laquelle retombe lorsque l'écoulement s'arrête.

Ces dispositions doivent être garanties au moyen de pierres ou de tout autre abri contre des dégâts que l'on peut faire par malveillance.

La règle d'ailleurs est de donner à un plan de drainage aussi peu d'embouchures que possible.

240. Les tuyaux une fois posés, il faut les recouvrir aussitôt, sinon l'eau pénétrant d'en bas ou par les côtés peut les soulever et les déranger.

Un sol vaseux et mou devient bientôt sec et solide par la pose des tuyaux ; car la substance même de ceux-ci absorbe promptement une grande quantité d'eau, en même temps qu'ils écoulent l'eau en excès qu'ils reçoivent par leurs jointures. Ce sol supporte le poids du recouvrement en terre sans que les tuyaux s'enfoncent ni ne se dérangent.

On place directement sur les tuyaux de la terre émiettée qui les recouvre bien et l'on se garde d'y mettre de lourdes pierres, qui amèneraient la rupture des tuyaux en leur faisant supporter des poids inégaux.

241. **Plan et jalonnement d'un drainage.** — On distingue

le drainage complet du drainage partiel d'un champ. Ce dernier est indiqué dans les endroits qui ne souffrent que partiellement de l'humidité et où l'on ferait des dépenses inutiles en drainant tout le terrain. Mais il faut être prévoyant, afin que la surface qu'on laisse de côté ne devienne pas trop humide à son tour.

La manière la plus certaine pour s'en assurer consiste à examiner le champ au printemps ou dans un automne humide.

Un drainage dans des terrains montagneux est beaucoup plus simple que dans les pays plats qui, offrant peu de pente, rendent l'écoulement difficile à établir.

242. On détermine d'abord dans le champ la place du drain collecteur et on la jalonne d'une façon visible; les autres parties s'ensuivent alors d'elles-mêmes. Dans des cas douteux, c'est le nivellement qui détermine la direction du drain principal et la profondeur à laquelle on doit l'enterrer.

La pose et la direction des petits drains résulte [221 et suivants] du jalonnement des lignes horizontales déterminées sur les surfaces à dessécher; on marque ces lignes par des pieux placés de distance en distance, sur lesquels on taille ou on écrit les numéros correspondant à chaque ligne de drains.

On fait alors un plan général où tout est indiqué de manière à pouvoir calculer, d'après les règles détaillées plus haut [231 à 235], le calibre des drains et la profondeur présumable des tranchées, suivant les lignes horizontales et l'ensemble du nivellement, quand on connaît les différents niveaux.

243. Il faut, autant que possible, en jalonnant, tracer les lignes de petits drains sur des plans horizontaux, et éviter de couper des points élevés et des dépressions du sol. Dans le premier cas les fossés sont trop profonds, et, dans le second, les tuyaux sont placés presque à fleur de terre. Le travail devient plus cher parce que la profondeur des fossés varie et qu'il faut les niveler continuellement, tandis que des piquets et une corde fortement tendue suffisent dans un terrain plat, en suivant la méthode que nous indiquons ici.

244. Il ne faut jamais placer les drains dans le voisinage d'arbres, de buissons ou de plantations, car les racines pénètrent dans les tuyaux, les remplissent et empêchent l'écoulement de l'eau. Le drainage dans les pièces de terre où se trouvent des arbres n'est possible que quand les rangées d'arbres se trouvent à une grande distance les unes des autres (50 mètres). Les drains peuvent alors être placés à 25 mètres de distance.

D'après des expériences faites en France, le drainage est possible dans les vignes sans qu'on ait à craindre l'obstruction des tuyaux. On assure que le houblon est dans le même cas.

Dans les champs drainés récemment, le colza a pour effet de boucher les tuyaux.

245. Frais du drainage. — Le devis du drainage d'un terrain comprend :

1° La construction et le remplissage des fossés ;

2° L'achat et la pose des tuyaux ;

3° Les frais de surveillance et de l'établissement du plan.

On trouve un avantage, au point de vue de l'exécution du travail et de la dépense, à faire entreprendre les fossés à forfait, y compris le remplissage à tant le mètre courant.

Dans le mesurage, on néglige les lignes horizontales pour ne calculer que l'inclinaison du sol.

Le prix du mètre courant résulte de l'évaluation des mètres cubes de terre à manier dans les mouvements de terrain, du prix des journées, de la constitution du sol et de la présence ou de l'absence de l'eau (1).

Les facteurs nécessaires à ce calcul sont exposés plus haut [191].

246. Les frais de transport varient suivant les lieux et doivent être évalués pour chaque cas particulier d'après le poids, la distance et les moyens de transport indiqués [225] (eau, voitures ou chemin de fer).

Pour 5 mètres de fossés on compte 18 tuyaux.

Il est facile de déterminer la longueur des fossés et la quantité de tuyaux, d'après l'étendue du champ, la direction et la distance des lignes de drains.

La pose des tuyaux se fait de la meilleure manière par un ouvrier exercé, travaillant à la journée ; en dix heures de travail, il peut en poser de 150 à 250 mètres.

Les frais du plan et de la surveillance doivent être calculés suivant les localités ; ils diminuent avec l'augmentation de la surface.

D'après ce qui précède, les frais du drainage peuvent varier par hectare entre 130 francs et 230 francs, la journée d'ouvrier étant payée 2 fr. 15 à 2 fr. 50. Dans des cas favorables, lorsque le

_____

(1) Un peu d'humidité dans le sol est favorable pour ce travail ; mais, dès qu'elle dépasse une certaine mesure, elle devient nuisible, comme dans tous les autres travaux de terrassement.

drainage est partiel, que le travail est à bon marché et les prix de transports faibles, les frais peuvent être moindres.

L'attention de l'ingénieur doit être surtout dirigée sur le bon marché, sans que celui-ci nuise toutefois au travail.

247. Avantages du drainage. — L'expérience a montré que dans un champ offrant une pente uniforme, le desséchement au moyen de drains était beaucoup plus efficace que le desséchement par des fossés ouverts de grandes dimensions.

Cela vient en partie de la position plus profonde des drains, et d'autre part du peu de frottement de l'eau dans les tuyaux, comparé à celui de l'eau sur la terre des fossés, qui se laisse entamer.

Un fossé creusé dans le sous-sol est bientôt ramolli et saturé d'eau au fond et sur les bords. La terre s'émiette sous l'influence de l'atmosphère, se délaye en limon, conserve plus d'eau et la transmet à ce qui l'environne par la capillarité. Ces modifications s'observent surtout dans l'argile que l'on retire en automne, en lui laissant subir l'action de la chaleur pour en faire des briques.

248. Les désavantages des fossés ouverts se montrent surtout lorsqu'on a affaire à des quantités d'eau telles que les petits drains doivent suffire à les enlever. L'effet des fossés peut être complétement détruit par la terre qui absorbe l'eau, tandis que, les pores des tuyaux une fois saturés, l'eau coule continuellement.

Le drainage enlève l'eau à des couches plus basses que ne le font les fossés ouverts; ceux-ci, pour conserver leurs bords, sont moins profondément creusés, et de plus, ils ne se maintiennent pas à une profondeur uniforme. Si toute l'eau qu'une surface peut contenir est enlevée d'une manière continue, les pluies persistantes ne peuvent plus alors occasionner cette humidité que l'on remarque si souvent près des fossés ouverts.

249. Les drains offrent encore un autre avantage important. Lorsqu'ils se remplissent à leur embouchure, ils agissent par absorption sur l'air des champs drainés, qui entre dans le sol, en prenant la place de l'eau qui s'en va, dans la même mesure.

L'air n'entre pas d'en haut dans les couches profondes lorsque les tuyaux ne sont pas remplis d'eau à l'embouchure, mais il passe par cette embouchure, et il s'établit de bas en haut un équilibre entre les deux courants d'air. Dans ce cas, le drain n'enlève pas une quantité d'eau aussi forte que dans le premier cas.

Il s'ensuit que le calibre des tuyaux doit être en général aussi petit que possible au bout, et il faut s'arranger de telle sorte que, dans le cas d'écoulement intermittent, les bouches des collecteurs restent fermées lorsque les petits drains ne fonctionnent pas. On y arrive en plaçant à l'embouchure un tuyau un peu plus long et recourbé en haut, qui reste toujours rempli d'eau et empêche l'entrée de l'air.

Par ce moyen on évite en même temps les précipités d'oxyde de fer hydraté et de carbonate de chaux qui se produisent dans les tuyaux.

250. L'air qui pénètre d'en haut dans le sol agit très-favorablement sur la végétation comme conducteur de la chaleur; il rend les couches situées sous la terre végétale friables par la gelée et par la chaleur, qui fait se fendre le sol desséché (1).

En même temps, l'action chimique décompose les matières fertilisantes du sol avec d'autant plus d'efficacité et de promptitude que l'agriculteur, en labourant profondément la terre et en la brisant, favorise davantage l'émiettement du sol.

C'est pourquoi Liebig dit avec raison : La charrue met en contact les molécules terreuses entre elles et avec les molécules de l'air ; le drainage produit un mouvement des molécules de l'air et augmente leur contact avec les molécules terreuses; de sorte que le travail mécanique et le drainage ont le même résultat et exercent le même effet sur les champs. Tous deux augmentent l'action de l'atmosphère sur un terrain.

Un champ drainé donne, quand le travail et les conditions sont les mêmes, plus de matières nutritives aux plantes qui y croissent que celui qui ne l'est pas.

251. **Analyse de l'eau de drainage.** — On pourrait être tenté de croire que, par suite du drainage des champs, on prive le sol et le sous-sol des sels solubles qui y sont renfermés et qui favorisent la culture et la croissance des plantes. Mais l'expérience et l'analyse ont montré que l'eau de drainage enlève des sels solubles en si petites quantités qu'elles peuvent être regardées comme nulles.

Ainsi M. Way a trouvé dans 70000 grains (unité anglaise) d'eau de drainage, les quantités en poids suivantes :

(1) En hiver, la température de la terre, à une profondeur de $0^m,90$ à $1^m,20$, est beaucoup plus forte que celle de l'air, et l'air qui monte dans les tuyaux de drainage peut contribuer à donner à la terre une température plus élevée que celle qu'elle aurait eue sans cela. L'air des drains est en général plus riche en acide carbonique que l'air atmosphérique.   V. Liebig.

NOMBRE d'expériences.	POTASSE.	SOUDE.	CHAUX.	MAGNÉSIE.	OXYDE DE FER et argile.	ACIDE silicilique.	CHLORE.	ACIDE sulfurique.	ACIDE phosphorique.	AMMONIAQUE.
1	traces.	1,00	4,85	0,68	0,40	0,95	0,70	1,65	traces.	0,18
2	traces.	2,17	7,19	3,32	0,05	0,45	1,10	5,15	0,12	0,18
3	0,02	2,26	6,05	2,48	0,10	0,55	1,27	4,40	traces.	0,18
4	0,05	0,87	2,26	0,41	» »	1,20	0,81	1,71	traces.	0,12

Ce tableau suffit pour montrer que la potasse et l'acide phosphorique, dont les plantes enlèvent la plus grande proportion, et qui par conséquent doivent être le plus remplacés par le fumier, ne sont entraînés par l'eau de pluie, en descendant dans les drains, que par quantités presque inappréciables. La raison de cet effet est la force d'absorption de la terre pour les solutions salines [33].

Pour ces causes, toute amélioration de prés fondée sur le drainage et l'irrigation peut être justifiée scientifiquement et être pratiquement recommandée, lorsque son exécution et son entretien n'offrent pas de difficultés.

MÉTHODE

D'IRRIGATION PAR LE DRAINAGE

(d'après Petersen)

BUT DE LA MÉTHODE ET OUVRAGES QUI EN TRAITENT.

252. Le succès obtenu sur les champs par le drainage portait naturellement à l'employer sur des prés humides et marécageux, mais on vit bientôt que cette application n'offrait pas tous les avantages désirés, et cela pour deux raisons :

1° Parce qu'il est difficile et même impossible de calculer le drainage de telle façon que la prairie ne soit ni trop sèche, ni trop humide, mais qu'elle conserve l'état de fraîcheur le plus favorable à la croissance des herbes.

2° Parce que l'humidité enlevée par les tuyaux aux prairies drainées ne peut être rendue par l'irrigation, attendu que l'eau d'irrigation est promptement reçue par les drains; car, au lieu de se répandre sur le gazon, elle pénètre dans le sous-sol.

253. Ces inconvénients ont été observés par M. Asmus Petersen à Witthiel, dans le Sleswig. Cet agronome a trouvé un procédé particulier de fermer les drains collecteurs en différents endroits, suivant les besoins, d'accumuler l'eau dans le sous-sol, d'humecter les couches inférieures, d'irriguer en même temps le gazon, et d'obtenir aussi un desséchement complet des prairies en ouvrant les conduits, lorsque le besoin s'en fait sentir.

254. Par ce système, il est possible de travailler dans les prés comme dans les champs, avec la charrue, la herse, etc. Non-seulement on peut détruire les mauvais gazons et les mauvaises herbes, même le colchique; mais on peut encore labourer le sous-sol, former un nouveau gazon par l'ensemencement, si cela devient nécessaire, et employer auparavant le terrain plus ou moins longtemps à la culture. On peut aussi placer dans le sol des engrais de

toute espèce, y cultiver des légumes, ameublir la terre pour la bien préparer à recevoir la semence, etc.

Beaucoup d'auteurs nient l'efficacité du procédé de Petersen; mais les avantages que nous venons d'énumérer sont essentiels, car on obtient une exploitation aussi rationnelle du sol par les prairies que par la culture, et à côté de cela, on gagne en outre les engrais nécessaires à une riche croissance contenus dans l'eau d'irrigation, pour les faire entrer ensuite en circulation dans l'exploitation.

255. Un autre avantage du procédé Petersen, en rapport avec le desséchement rationnel par les tuyaux de drainage, est de rendre possible l'établissement des prairies irrigables en plan incliné, même avec une très-faible pente, et d'en écarter entièrement le système des ados avec ses nombreuses rigoles d'irrigation et de colature et ses coûteuses transformations du sol.

L'irrigation par le drainage, d'après Petersen, a pour avantage de permettre de drainer ou d'irriguer à volonté les prairies disposées en plan incliné, de manière que le desséchement puisse être maintenu ou supprimé : en fermant les conduits du système de desséchement, la prairie est irriguée par les eaux ramenées à la surface.

256. Ce système rentre dans la culture intensive. Là où cette culture n'est pas indiquée, on peut conserver les modes de desséchement et d'irrigation propres aux prairies naturelles; mais quand le prix des prairies et celui de leurs produits sont assez élevés pour que le capital rapporte bien ses intérêts, alors le procédé de Petersen doit être mis en usage; il marque une époque nouvelle dans la culture des prairies. Bien que des ingénieurs soient opposés à cette méthode, beaucoup d'hommes éclairés se sont déclarés en sa faveur et ont affirmé l'utilité de son application. Le comité royal d'agriculture de Prusse lui a même décerné un prix, et il a envoyé ses ingénieurs à Witthiel pour étudier ce système dont l'application s'étend de jour en jour.

257. Comme le système de Petersen n'est connu que depuis 1860, il n'a pu se répandre plus promptement dans l'Allemagne du Centre et du Sud.

Les expériences faites sur le calibre des tuyaux suivant les masses d'eau et les différentes localités, ont été consignées dans des publications diverses, mais elles peuvent être déduites des §§ 225 à 235 du chapitre de cet ouvrage traitant du drainage.

La méthode d'irrigation par le drainage a fait l'objet de discussions prolongées dans les *Annales de l'agriculture prussienne de* 1862.

Le travail le plus détaillé et le mieux raisonné sur l'irrigation par le drainage est une brochure sur la construction des prés, par Turretin, suivant la nouvelle méthode de Petersen (2ᵉ édition, Schleswig, 1864).

Les autres écrits qui en traitent sont :

Dʳ L. Meyn, *Nouvelle Méthode générale de la culture intensive des prairies*. Wismar, 1861.

R. Gartner, *Description de la reconstruction des prairies*, par Petersen. Berlin, 1861.

Description de la nouvelle méthode de construction des prés. Schleswig, 1863.

ÉTABLISSEMENT DE L'IRRIGATION PAR LE DRAINAGE.

258. La base du système de Petersen est un drainage complet, et la disparition des marais dans les prés. Contrairement à la méthode précédemment décrite [221], Petersen n'emploie pas les petits drains dans la direction de la plus grande pente, mais les collec-

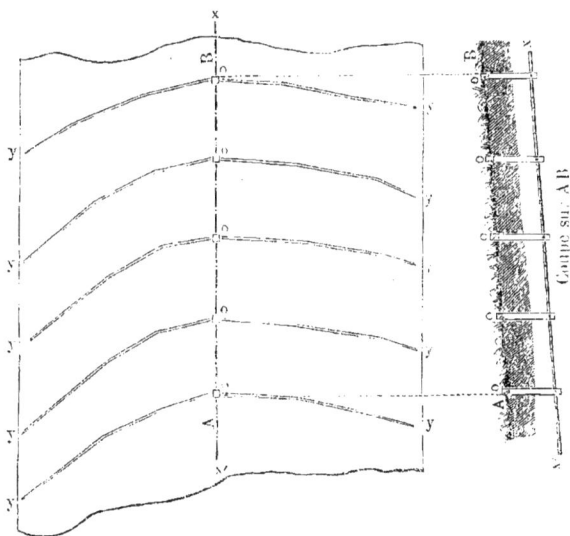

Fig. 90.

teurs xx' (*fig.* 90), et les petits drains y, y y débouchent plus ou moins perpendiculairement.

La position des petits drains est déterminée par des lignes horizontales *yoy*, partant du drain collecteur, et qui sont jalonnées sur la prairie.

Un ingénieur prudent suivra non-seulement les petites courbes, mais il les coupera aussi au besoin par des lignes droites quand même il serait obligé de faire des déblais ou des remblais. Il doit avoir soin de rendre les rigoles aussi parallèles que possible.

Sur les lignes horizontales, on creuse les tranchées des petits drains avec une légère pente d'*y* en *o*, et on y introduit des tuyaux de drainage d'un calibre répondant à la quantité d'eau à écouler. Immédiatement au-dessus des petits drains, on établit des rigoles horizontales d'irrigation *oy*.

259. **Tranchées de drainage**. — La distance des petits drains est déterminée par les règles données [222 à 224]. Il faut encore prendre en considération, pour l'établissement des rigoles d'irrigation, les règles indiquées ci-dessus [94 et 158]. Il ne faut pas prendre la distance trop grande, parce que les petits drains n'agissent que sur un côté, et quand les pentes sont très-fortes, les eaux souterraines peuvent passer en dessous des drains et arriver à la surface.

Un sol lourd, peu friable et marécageux, exige un drainage plus rapproché qu'un sol perméable. Lorsque les petits drains sont distants de plus de 15 mètres, on place une rigole d'irrigation dans l'intervalle de chaque ligne de drains.

La longueur des petits drains ne peut en général être déterminée que d'après les principes déjà énoncés [222 à 224]. Elle dépend spécialement de la distance au collecteur, et doit être calculée de telle sorte que l'eau soit toujours courante dans les drains. Plus les lignes de drains sont longues, plus le calibre doit être fort.

260. La position des drains collecteurs dépend principalement des pentes. On les place dans les endroits les plus bas de la prairie, ou, lorsqu'on a affaire à une plaine, dans les endroits où on peut le mieux rassembler l'eau dans le sous-sol.

Le nombre des lignes de drains collecteurs est d'autant plus grand que les lignes de petits drains sont courtes. Cependant le nombre ne peut pas en être arbitraire, parce que les dépressions de terrain le déterminent.

Plus on diminue le nombre des drains collecteurs, plus le diamètre des tuyaux doit être considérable.

D'après leur position, les drains collecteurs répondent aux rigoles de répartition, et les petits drains aux rigoles qui se trouvent au sommet des ados.

261. Appareils de fermeture. — Dans les endroits *o, o*, où les petits drains *y, y* rencontrent les drains collecteurs *xx* (*fig.* 90), on place l'appareil représenté par la figure 91.

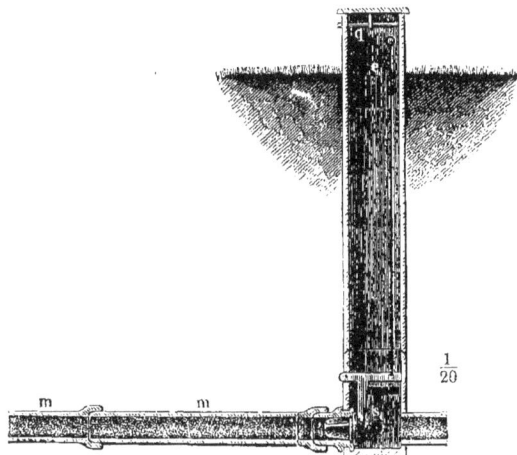

$$\frac{1}{20}$$

Fig. 91.

Il se compose d'une caisse en bois de chêne, de mélèze ou d'aulne, à la partie inférieure de laquelle est placé le tampon qui bouche le drain collecteur. Le bois est épais de $0^m,03$ à $0^m,042$, et les caisses ont de $0^m,20$ à $0^m,25$ de largeur.

La forme du tampon se voit dans la figure 92. *a* est un levier coudé en tôle très-forte formé de deux plaques soudées ensemble ; son axe de rotation est en *z*. On peut le mouvoir de haut en bas et de bas en haut dans une rainure *w*, au moyen d'un fil de fer *d*.

La partie inférieure de ce levier coudé entre dans une entaille pratiquée dans la tête du clapet ou tampon *v*, et y forme charnière par le moyen d'une tige de fer. Le clapet *v*, en forme d'étoile à trois pointes, est fait d'argile, ainsi que la soupape *nn ;* le rebord de sa tête s'ajuste exactement dans le bord de la soupape et vient ainsi la fermer hermétiquement. La soupape porte extérieurement un anneau ou gorge qui permet de la fixer dans la paroi de la caisse ; c'est sur cette soupape que viennent se placer des tuyaux de fontaine m, m (*fig.* 91) en argile cuite, enduite à l'intérieur et à l'extérieur de ciment de Portland.

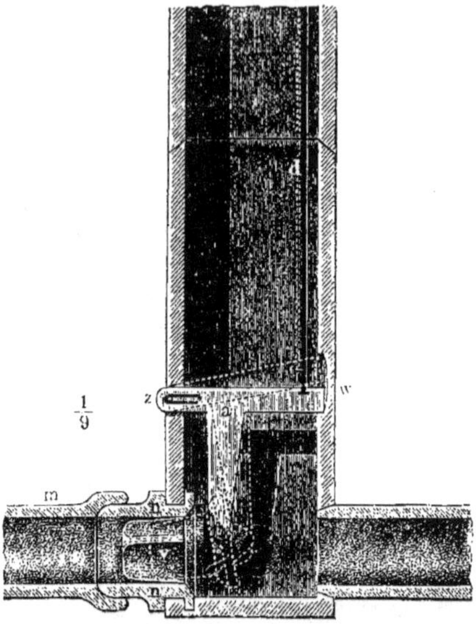

Fig. 92.

Vis-à-vis du tampon, débouche le drain collecteur S (*fig.* 93), et sur les parois latérales, les petits drains secondaires.

262. La caisse se compose elle-même de deux parties (pour empêcher que l'action de la gelée ne la fasse se briser en la soulevant). La partie inférieure mesure $0^m,45$ environ de hauteur, et, sur celle-ci, s'applique la partie supérieure qui sort de $0^m,30$ au dessus du sol.

Dans cette partie supérieure de la caisse, en face des rigoles d'irrigation, sont pratiquées des ouvertures e (*fig.* 91). Un couvercle mobile fixé par une tringle à vis la protége contre les déprédations qu'on pourrait commettre. On y voit encore une grille en fil de fer étamé q, disposée pour empêcher l'eau de tomber d'en haut et d'y introduire des ordures.

Quand le couvercle est fermé, l'eau, qui arrive par les drains, s'élève dans la caisse, passe par les ouvertures pratiquées à droite et à gauche, se déverse dans les rigoles r, r (*fig.* 93), et arrose les surfaces qui sont au-dessous de ces rigoles.

263. Effets de la caisse. — Lorsque le niveau de l'eau dans la caisse est à $1^m,20$, il s'y trouve alors une colonne d'eau de $1/8$ de hauteur barométrique, qui exerce une pression de 29 kilo-

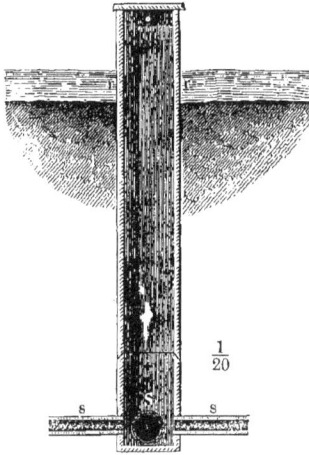

$\frac{1}{20}$

Fig. 93.

grammes et demi environ par décimètre carré ; sur la surface d'un tampon de 9 centimètres de diamètre, la pression latérale est donc à peu près de $18^k,5$.

La pression de l'eau dans le collecteur varie suivant la pente et fait partir avec force par les jours des tuyaux, dans les rigoles et de là dans les prairies, les dépôts qui pourraient obstruer les appareils de fermeture.

Il y a donc une saturation complète du sol ; la terre absorbe le maximum d'humidité qu'elle peut contenir, et l'eau dépose à la surface de la prairie les matières qui y sont en suspension. Par conséquent, des substances fertilisantes sont amenées de toutes parts aux herbes enracinées plus ou moins profondément.

Lorsque, vers la fin de l'irrigation, la caisse n'est pas complétement ouverte, mais que le tampon est un peu soulevé, l'eau coule alors à travers les tuyaux à jour, ainsi que par les soupapes en forme de pyramide triangulaire, et enlève les immondices qui peuvent y être entrées, parce que ce système demande des tuyaux d'un calibre plus fort que ceux usités pour le drainage des champs.

13

La quantité d'eau qui revient par les ouvertures des caisses dans les tuyaux est insignifiante, parce que les trous ne viennent pas jusqu'au niveau du fond des rigoles.

264. **Avantages du système Pétersen.** — C'est une erreur très-répandue de croire que toute eau qui vient du collecteur doit être dirigée sur la surface des prairies. Quand il est possible de conduire de l'eau d'irrigation venant de ruisseaux ou de sources sur une prairie où est établi le système d'irrigation par le drainage, cela s'effectue comme par les autres méthodes.

Il n'y a qu'à fermer les caisses, et l'irrigation commence. Cependant l'eau ne peut pas se déverser avant que tous les tuyaux et les drains soient remplis et que le sol soit saturé. Alors l'irrigation superficielle ne rencontre aucun obstacle ; aussitôt que l'eau irrigante est détournée et que les caisses sont ouvertes, toute celle que le sol ne peut pas retenir s'écoule, et le sous-sol est, pour ainsi dire, purgé d'acides nuisibles et de sels de fer. La chaleur et l'air peuvent agir continuellement d'une manière salutaire sur la végétation. Enfin, on a amené un état qui favorise la croissance de l'herbe, ce qu'il est impossible d'obtenir sur les prairies irriguées par la méthode ordinaire des tranchées ouvertes, dans les prés marécageux contenant des sels de fer, etc.

265. Le desséchement obtenu complétement par le drainage dispense de tenir compte des pentes, ce qui est un point si important dans l'irrigation ordinaire des prairies.

Dans ce système, la pente peut n'avoir que 2 ou 1, et même moins pour 100. La ligne de plus grande pente n'a seule d'importance que lorsqu'il s'agit d'établir un écoulement pour le drain collecteur, à une profondeur correspondante à celle des petits drains, pour faire partir l'eau qui s'est accumulée dans les couches inférieures ; d'où il suit qu'on doit placer ce drain à une profondeur de $1^m,20$, $1^m,50$ et même $2^m,10$.

DÉTERMINATION DE LA QUANTITÉ D'EAU POUR LES IRRIGATIONS.

266. De la constatation de ce fait, que toute eau qui se trouve dans les drains ou à la surface d'un terrain peut être employée à l'irrigation, il résulte, en faveur de la méthode Pétersen, cet avantage considérable que les matières liquides fertilisantes sont mises en contact non-seulement avec le gazon, mais aussi avec les cou-

ches inférieures plus profondes, et qu'en s'infiltrant, l'eau y dépose ses sels et son limon.

Il est donc possible d'établir une irrigation par le drainage avec de petites quantités d'eau venant d'étangs, de puits et de citernes : on peut aussi employer du purin, lorsque la surface du pré est en rapport avec la quantité dont on dispose.

267. Les premiers essais de l'inventeur ayant été faits sur de petites quantités d'eau, beaucoup d'ingénieurs ont cru que ce système ne pouvait être employé sur de grandes prairies avec de grandes masses d'eau.

On voit, d'après ce qui a été dit, que cette opinion est erronée : rien n'empêche de faire des tranchées d'amenée et de décharge à côté des petits drains et des drains collecteurs, comme dans les plans inclinés naturels et perfectionnés, de laisser arriver autant d'eau qu'on en possède, et d'emmener le surplus par des drains que l'on ouvre.

L'irrigation par le drainage ne s'applique pas seulement aux marais et aux eaux souterraines, mais à tous les terrains, pourvu toutefois que le sol ait assez de cohésion pour ne pas laisser l'eau se perdre dans le sous-sol après la première irrigation, auquel cas les tuyaux et les fermetures seraient sans effet.

268. **Résultats d'expériences.** — Afin de déterminer le minimum d'eau nécessaire pour arroser à saturation une prairie sur $1^m,14$ d'épaisseur, et de fonder sur ce minimum le calcul des masses d'eau et la largeur des tuyaux d'écoulement, Turretin entreprit les expériences suivantes :

Il remplit trois caisses, ayant $0^m,0819$ de surface de coupe et $1^m,146$ de hauteur, avec les qualités de terre marquées dans le tableau suivant, en ayant soin de conserver le même ordre aux couches et le même état d'agrégation que dans la nature; puis il les couvrit d'un gazon fortement pressé.

Dans le premier essai, toutes les caisses furent fermées au fond et l'on y versa de l'eau jusqu'au moment où la terre fut complétement saturée.

Au deuxième essai, le fond des caisses fut ouvert, et la caisse placée sur un vase rempli d'une couche de $0^m,09$ de sable siliceux grossier; on mesurait l'eau qui s'échappait sous la couche de sable.

Au troisième essai, on versa l'eau sans discontinuer, en la laissant s'écouler.

NATURE DES EXPÉRIENCES.	ARGILE SABLONNEUSE d'une BONNE QUALITÉ moyenne.	SOL DE SABLE FIN avec de l'humus et un sous-sol profond de 0m,30, composé d'un sable argileux laissant écouler l'eau.	SOL ARGILEUX AVEC de la marne, profond de 0m,60, ayant un sous-sol contenant beaucoup de pierres roulantes.
1. Avec un écoulement restreint, l'absorption de l'eau d'irrigation fut, en 24 heures..............	kil. 11.35	kil. 18.40	kil. 14.25
2. En empêchant l'écoulement de l'eau, il en filtra.............	7.90	12.95	8.15
Par conséquent, au bout de 24 heures, les trois espèces de terre retenaient en eau................	6.10	5.45	3.45
3. Écoulement libre pendant 24 heures...................	19.30	29.40	16.25
D'après ces données, on calcule pour un hectare de terre :			
a. Dans l'écoulement restreint ou par saturation :	mèt. cub.	mèt. cub.	mèt. cub.
en 24 heures...............	1,400.328	2,243.052	1,747.980
ou par seconde.............	0.01620	0.02592	0.02052
b. Dans l'écoulement libre, eau filtrée au travers du sable :			
en 24 heures...............	1,980.936	3,583.872	2,352.672
ou par seconde.............	0.02268	0.04104	0.02540
c. Pour la saturation du sol, il en faut réellement moins qu'on n'a calculé au n° 1, parce qu'il était resté dans la caisse I 3kil,45 d'eau, dans la caisse II, 5kil,46, et dans la caisse III, 6kil,1 ; — en défalquant, on a par hectare :			
en 24 heures...............	963.144	1,578.636	993.492
ou par seconde.............	0.01080	0.01836	0.01188
Soit en moyenne........		0m. cub.,01296	

269. **Conclusions.**— Il résulte de ces expériences que la quantité d'eau nécessaire pour l'irrigation par les drains est réellement beaucoup moindre que dans les irrigations ordinaires. Cette méthode se recommande surtout quand les affluents qui fournissent l'eau sont petits et que l'année est sèche, parce que l'irrigation par le drainage doit donner une fraîcheur et une fumure plus durables que l'irrigation superficielle ordinaire. En outre, l'humidité de ce dernier système s'évapore plus promptement par l'action de l'air et du soleil, et le limon déposé n'étant pas dissous, il ne peut produire tout son effet.

Par contre, avec la méthode de Pétersen, le sol est saturé d'eau, de sels solubles et de limon à 1^m,20 et même plus de profondeur; il forme, par conséquent, pour les plantes, un réservoir d'humidité et de nutrition dont elles profitent peu à peu.

Ce système permet un passage rapide de l'irrigation au dessèchement, ce que l'irrigation ne permet pas, parce qu'il faut plus de temps pour saturer la prairie d'eau et d'engrais.

Enfin, le système d'irrigation par le drainage peut rendre avantageuse l'élévation artificielle de l'eau, tandis qu'avec l'irrigation ordinaire on ne doit même pas y penser, à cause de la trop grande quantité d'eau qu'elle nécessite.

DÉTERMINATION DU CALIBRE DES TUYAUX.

270. Dans l'irrigation par le drainage, il s'agit non-seulement d'enlever les eaux souterraines et les eaux de pluie, mais encore les eaux d'irrigation. C'est pourquoi il faut des tuyaux d'un calibre plus fort que pour le drainage ordinaire. Pour ce dernier, la quantité d'eau à enlever a été déterminée [228] de 0^{mc},0001574 à 0^{mc},0002314 par quart d'hectare et par seconde ; mais, pour la méthode de Pétersen, on a calculé cette quantité [268] à 0^{mc},0032171, c'est-à-dire 14 à 28 fois plus.

Quand on calcule le calibre des tuyaux d'après l'eau d'irrigation, on peut négliger l'eau souterraine et l'eau de pluie, parce que la première devient d'autant moins nécessaire que les deux autres augmentent.

271. Lorsqu'on doit faire écouler 0^{mc},000324 d'eau par seconde et par quart d'hectare de terre par un drain collecteur, si la longueur des petits drains de chaque côté est de 50 mètres, leur distance entre eux 10 mètres, et qu'il n'y ait pas à irriguer plus de 5 pentes, le collecteur doit alors dessécher 1/2 hectare et enlever 0^{mc},000648 d'eau par seconde. La pente des drains secondaires ne doit pas être plus forte que 1 pour 1000.

La pente du drain collecteur est la même que celle de la plus grande pente de la prairie. Si, par exception, le fond s'élève dans la même proportion de 1 pour 1000, il faut employer des tuyaux plus gros que le n° 10, comme il est indiqué au § 231.

272. Les tuyaux des n°s 11 à 17 peuvent devenir nécessaires comme drains collecteurs, dans le système Pétersen, et les quantités

d'eau m, qui, avec une pente de 1 pour 100, sont emmenées avec une vitesse v par seconde, sont données dans le tableau suivant :

$v = l$, vitesse de l'eau exprimée en décimètres ;
$M =$ masse de l'eau en décimètres cubes.

PENTE p. 1000.	$d =$	11 1,2	12 1,5	13 1,8	14 2,1	15 2,4	16 2,7	17 3,0
1	v M	2,6604 3,6086	2,9700 5,2485	3,2457 8,2593	3,4980 12,1699	3,7311 16,8793	3,9483 22,6060	4,1526 29,3531
2	v M	3,7617 4,2544	4,1997 7,4215	4,5894 11,6786	4,9461 17,1315	5,2758 23,8675	5,5830 31,9656	5,8719 41,5060
3	v M	4,6077 5,2110	5,1441 9,0904	5,6217 14,3054	6,0585 20,9844	6,4623 29,2351	6,8385 39,1541	7,1922 50,8388
4	v M	5,3208 6,0175	5,9400 10,4998	6,4914 16,5183	6,9957 24,2306	7,4622 33,7586	7,8966 45,2123	8,3052 58,7061
5	v M	5,9487 6,7276	6,6408 11,7356	7,2573 18,4675	7,8213 27,0902	8,3427 37,7425	8,8284 50,5472	9,2853 65,6340
6	v M	6,5154 7,3686	7,2735 12,8534	7,9488 20,2271	8,5665 29,6714	9,1374 41,3370	9,6693 55,3619	10,1697 71,8856
7	v M	7,0395 7,9612	7,8585 13,8872	8,5881 21,8538	9,2556 32,0582	9,8724 44,6621	10,3472 59,8158	10,9878 77,6682
8	v M	7,5237 8,5088	8,3991 14,8424	9,1788 23,3569	9,8922 34,2630	10,5516 47,7319	11,1657 63,9295	11,7435 83,0102
9	v M	7,9812 9,0264	8,9100 15,7453	9,7371 24,7776	10,4577 36,2219	11,1933 50,6377	11,8449 67,8183	12,4578 88,0592
10	v M	8,4123 9,5137	9,3912 16,5956	10,2630 26,1158	11,0604 38,3362	11,7978 53,3725	12,4845 71,4803	13,1304 92,8136

273. Calcul du calibre des drains collecteurs. — D'après l'exemple choisi au paragraphe 271, un drain collecteur de 50 mètres de longueur doit emmener l'eau d'irrigation de cinq pentes ayant chacune 10 mètres de large et 100 mètres de long, soit 0^{mc},00648 par seconde. Le calibre nécessaire se trouve être, d'après le tableau, entre le n° 12, ou 0^{mc},005248, et le n° 13, soit 0^{mc},008259. Il faut donc choisir le n° 13 et des tuyaux de 0^m,18 pour la pente la plus inférieure. Comme chaque plan incliné de 4 dixièmes de morgen ou de 1 dixième d'hectare fournit 0^{mc},001296 d'eau par seconde, alors les autres donnent :

$$4 \times 0^{mc},001296 = + 0^{mc},005184$$
$$3 \times 0 ,001296 = + 0 ,003888$$
$$2 \times 0 ,001296 = + 0 ,002592$$

Au nombre $0^{mc},005248$ répond le numéro de tuyau 12, ayant $0^m,15$ de diamètre qui doit encore être maintenu pour la 3e planche, parce que le n° 11 contient $0^{mc},002997$ au lieu de $0^{mc},003888$. Pour la 4e pente d'en bas, qui demande $0^{mc},002592$, le n° 11 est plus que suffisant, et la dernière pente, qui veut $0^{mc},1296$, n'a besoin que du n° 9, d'après le tableau [231].

Considérant que pour la largeur de chaque pente il y a au commencement une quantité d'eau moindre que celle qu'on a calculée, et comme on ne trouve cette quantité qu'à l'extrémité de la pente, on peut diminuer le calibre ci-dessus déterminé.

A partir d'en bas, il faut poser les tuyaux comme dans la figure 94.

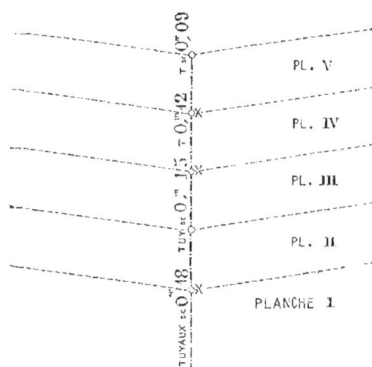

Fig. 94.

Planche I, sur 10 mètres, tuyaux n° 13, ayant $0^m,18$ de diamètre
Pl. II et III, — 20   —   —   12 — 0 ,15
Pl. IV,   — 10   —   —   11 — 0 ,12
Pl. V,   — 10.   —   —   9 — 0 ,09

Le calibre change donc seulement près des fermetures.

274. Ce calcul indique la marche à suivre pour déterminer le calibre des tuyaux des drains collecteurs. On peut trouver que le calibre des tuyaux est extraordinairement fort, et qu'ils doivent augmenter beaucoup les dépenses pour de grandes surfaces, mais cette objection n'est fondée qu'avec des pentes très-faibles (1 pour 1000).

Dans l'exemple donné, le collecteur ayant eu une pente de 5 pour 1000, on aurait eu besoin de tuyaux de $0^m,12$ tout au plus, et dans une pente de 5 pour 100 [231] de tuyaux de $0^m,06$ à la fin.

275. Réduction du calibre des tuyaux. — Dans les pays plats, où les pentes sont très-faibles, on ne pourrait se passer de tuyaux de gros calibre, mais dans les pays montagneux cela devient tout à fait superflu.

Le premier cas présente deux circonstances qui permettent la réduction du calibre :

1° L'époque pendant laquelle le desséchement doit se faire ;

2° La colonne d'eau de $0^m,90$ à $1^m,20$ qui, en diminuant peu à peu à partir du commencement, passe sur les tuyaux de drainage et leur contenu, ce qui augmente considérablement la vitesse de l'eau qui s'écoule.

Dans les calculs faits au § 268, il a été constaté que l'eau serait enlevée par les tuyaux dans la même proportion que la porosité du sol.

Ce calcul repose seulement sur les expériences exécutées avec trois espèces de terre, et il est évident qu'un sol lourd, argileux, rend moins vite l'eau qu'il a reçue qu'un sol très-poreux, mais aussi qu'il a moins besoin d'être irrigué.

A mesure que la constitution du sol exige un desséchement plus lent, le diamètre des tuyaux doit être diminué de façon à laisser s'écouler $0^{mc},001296$ par seconde et par hectare. Entre cette quantité d'eau du système de Pétersen et $0^{mc},00046296$ à $0^{mc},0009256$ par seconde et par hectare qui, d'après le paragraphe 229, est le maximum d'eau qu'il faut faire écouler dans le drainage ordinaire, l'ingénieur a une si grande latitude pour des essais de diminution du calibre des tuyaux que, dans chaque cas particulier, il peut se rendre compte exactement de la variation du sol et du climat, et de l'irrigation qui y répond, ainsi que des tuyaux qu'on doit employer.

276. C'est avec raison que Turretin fait observer que la pression de $0^m,90$ à $1^m,20$ d'eau rassemblée dans le sol augmente sa vitesse à l'écoulement, et qu'on doit ajouter à la pression causée par la pente un coefficient qu'on peut évaluer à la moitié, ou $0^m,6$.

Dans les exemples calculés ci-dessus, la pente du drain collecteur n'augmenterait que de 1 pour 1000, et pour l'extrémité des drains collecteurs de $0^m,18$ il suffirait de prendre des tuyaux de $0^m,15$.

Avec ces considérations et en admettant encore une plus grande durée pour l'écoulement de l'eau d'irrigation, il est possible de diminuer le calibre des tuyaux de drainage pour les drains collecteurs plus que ne l'indiquent les tables, ce qui, du reste, doit être laissé à l'appréciation de l'ingénieur.

277. Au paragraphe 271 les petites pentes ont seulement 10 mètres de largeur et 50 mètres de longueur des deux côtés du drain collecteur ; mais leur largeur peut s'élever à 15 mètres et leur longueur à 100 mètres, d'où résulte une surface de 1 hectare 1/2 pour cinq pentes au lieu de 1/2 hectare admis plus haut.

On pourrait donc faire écouler un volume d'eau trois fois plus grand et choisir, d'après le paragraphe 272, des tuyaux de $0^m,21$ pour la pente inférieure de 3 pour 1000.

Si au lieu de cinq pentes il y en a dix de 15 mètres de largeur et de 200 mètres de long, les unes au-dessous des autres, et si l'on admet que chaque fois on irrigue seulement les cinq premières et les cinq dernières, alors on conserve des tuyaux de $0^m,21$ pour les cinq pentes inférieures, afin de faire écouler dans le drain collecteur l'eau fournie par les cinq supérieures.

Moins il y a de pentes les unes au-dessous des autres, plus on économise sur le calibre des tuyaux ; il en est de même lorsqu'on n'irrigue en même temps que quatre ou trois pentes au lieu de cinq.

278. Le raccourcissement des drains secondaires ou, ce qui revient au même, une augmentation des drains collecteurs d'un calibre plus petit, ne serait pas une économie possible [223], parce qu'il faudrait augmenter les fermetures dont la construction coûte maintenant de 5 à 8 francs.

Dans le système Petersen, il n'est pas possible, comme dans le drainage ordinaire, de réduire les embouchures à un petit nombre, parce qu'alors il faudrait augmenter le calibre des tuyaux hors de toute proportion. Les drains collecteurs peuvent aussi déboucher sans inconvénient dans des fossés ouverts, parce que le calibre et les quantités d'eau qui s'écoulent sous une forte pression empêchent l'obstruction par de petits animaux ou par des plantes et de la terre.

279. **Calcul du calibre des tuyaux pour les drains secondaires.** — Dans l'exemple du paragraphe 271, chaque drain secondaire, avec une pente de 1 pour 1000, n'a que 50 mètres de long et reçoit l'eau d'irrigation de $0^h,05$. Il faut donc déduire de cette surface $0^{mc},000648$ par seconde, qui, d'après les tables du paragraphe 231, exigent au bout tout au plus des tuyaux n° 8 de $0^m,07$ de

diamètre, lesquels peuvent se réduire peu à peu aux n°s 7, 6, 5, 4, 3. En considérant ce qui a été dit au paragraphe 276, on pourrait aussi commencer par le n° 7 ou le n° 6 et descendre jusqu'au n° 2.

Lorsqu'à une distance de 15 mètres les drains secondaires ont une longueur de 100 mètres avec un plan incliné de 15 ares, ce qui donne $0^{mc},002434$ d'eau par seconde, alors le calibre n° 9, de $0^{m},15$, suffit au bout des drains secondaires avec une pente de 1 pour 1000.

280. Pour les drains secondaires, on peut choisir des tuyaux beaucoup plus petits que le calcul ne l'indique, mais il n'en est pas de même pour les drains collecteurs. Ici, à cause des petits drains qui y débouchent, ainsi que pour tout le système, il faut qu'il y ait un écoulement non interrompu, point très-important dans tout desséchement, tandis qu'il est indifférent que l'eau qui s'écoule des drains secondaires dans les collecteurs le fasse en une ou plusieurs secondes.

Pour les prairies où il y a peu d'eau d'irrigation et où un desséchement lent est indiqué pour la conservation de la fraîcheur du sol, on fera bien de poser des drains secondaires d'un calibre plus petit.

281. S'il y a de l'eau souterraine dans le sol ou une source à faire écouler, ce que l'on doit beaucoup recommander quand on met en communication le drainage de terres cultivées avec un système d'irrigation d'un pré par le drainage, il faut proportionner à ce but le calibre des drains secondaires.

Quand on veut amener de l'eau nouvelle par les tuyaux qui alors ne servent pas à dessécher, on peut le faire au moyen de manchons consolidés avec du ciment de Portland. Turretin recommande dans ce cas d'employer des tuyaux de $0^{m},6$ de long.

Des tuyaux mastiqués ainsi peuvent être employés à l'endroit des appareils de fermeture, lorsque les tuyaux de fontaine manquent ou sont trop chers.

EXÉCUTION DU SYSTÈME.

282. Lorsque le plan d'un établissement d'irrigation par le drainage est donné d'après les règles des paragraphes 258 et suivants, et qu'il est tracé sur la prairie, on en fait le dessin. Quand le terrain est défoncé, cultivé, nivelé et ensemencé, on se sert de ce dessin pour tracer de nouveau et creuser les fossés, placer la partie

supérieure des caisses et établir le système d'irrigation sur la prairie.

L'ouverture des tranchées et la pose des tuyaux se fait comme à l'ordinaire, mais il faut prendre beaucoup de précautions en plaçant la caisse, qui doit être enfoncée perpendiculairement sur le fond, de telle sorte que les quatre faces correspondent exactement aux tuyaux qui y débouchent. Après cela on ouvre la soupape, on met un couvercle qui ferme hermétiquement et on consolide le tout avec de la terre.

283. Les prairies étant entièrement drainées et défoncées avant l'hiver, on les laisse ainsi jusqu'au printemps, époque où l'on y cultive des pommes de terre, des racines ou des plantes fourragères. Après la récolte, on laboure de nouveau, puis on herse, en abandonnant la prairie à une jachère d'hiver ; ce n'est qu'au printemps suivant, quand elle est bien préparée, qu'on l'ensemence d'un mélange donné [14]. Les dessus des caisses sont alors posés et les ouvertures pour l'irrigation sont pratiquées et consolidées avec du gazon.

ENTRETIEN ET IRRIGATION.

284. On aura d'autant plus promptement un gazon avant l'été que l'on pourra humecter le sol par l'eau souterraine ou par l'eau d'irrigation, en fermant de temps en temps les appareils pour humecter de bas en haut.

Si l'on ne veut pas faucher la première pousse, on la fait paître.

Ce pâturage, qui nuit beaucoup aux fossés des prairies irriguées de la manière ordinaire, ne peut pas nuire avec ce système, parce que la prairie ainsi disposée est tout à fait sèche, et que le pied des animaux ne laisse aucune empreinte ; en outre, les pointes des herbes étant fréquemment coupées, il en résulte une multiplication des racines et l'épaississement du gazon.

285. L'irrigation par le système Petersen se distingue du système ordinaire en ce que la première n'emploie jamais d'aussi grandes masses d'eau que la seconde et d'une manière continue.

L'expérience enseigne qu'avec ce système il faut souvent arroser et dessécher alternativement pour que l'eau, la chaleur et l'air puissent agir vigoureusement sur la surface et sur le sous-sol, et par là favoriser la végétation.

On n'a pas ici à installer une irrigation au moyen de grandes masses d'eau, mais plutôt un appareil à filtrer ingénieux et simple, qui offre en même temps tous les avantages de l'irrigation et du desséchement; ce n'est pas la masse d'eau qui agit, mais sa qualité et ses propriétés fertilisantes, dissolvantes et conservatrices.

Une propagation plus rapide du système de Petersen serait un acheminement par un moyen terme à la solution de la question de l'eau, qui s'élève souvent entre les agriculteurs et les propriétaires d'usines.

Au reste, les paragraphes 38 et suivants donnent les principes pour installer des irrigations ordinaires.

ÉTABLISSEMENT D'UN SYSTÈME D'IRRIGATION PAR LE DRAINAGE,
SES FRAIS ET SON REVENU POSSIBLE.

286. C'est l'Allemagne du Nord qui possède le plus grand nombre de terrains traités d'après le système Petersen. La figure 95 donne un plan dressé par le géomètre L. Nissen, à Iverslund, sur la ferme de Büchenan, et qui a été communiqué à l'auteur de cet ouvrage par Petersen.

Cette construction de prairies est très-facile à comprendre, si l'on considère que les drains collecteurs ou principaux désignés de I à XXXI sont posés dans le sens de la plus grande pente. Les lignes numérotées 1, 1 ; 2, 2 ; 3, 3, etc., jusqu'à 26, 26, représentent les rigoles d'irrigations perpendiculaires et les petits drains placés en dessous. Ces lignes donnent en même temps les différentes inclinaisons de la prairie et montrent combien l'ingénieur est à même, avec ce système, de se conformer aux accidents de terrain, sans qu'il soit nécessaire d'employer les terrassements.

Une tranchée ouverte xx traverse les points les plus bas de la prairie et la divise en deux parties à peu près égales. Cette tranchée débouche dans un canal de décharge ouvert qui limite irrégulièrement la propriété au sud et à l'ouest ; O2 et Ox représentent des tranchées allant de l'est à l'ouest et du sud au nord avec un peu de pente ; leur point le plus élevé est en O, et près du n° 1 se trouvent des lignes de drains des champs limitrophes qui y débouchent.

Lorsqu'en O et en x les tranchées sont fermées par de petites vannes, l'eau des champs se verse alors dans la moitié septentrionale de la prairie.

287. Un autre drain de champs débouche en XXVII, dans la partie méridionale de la prairie. Aux points désignés par des chif-

fres romains se trouvent les appareils de fermeture : à un drain

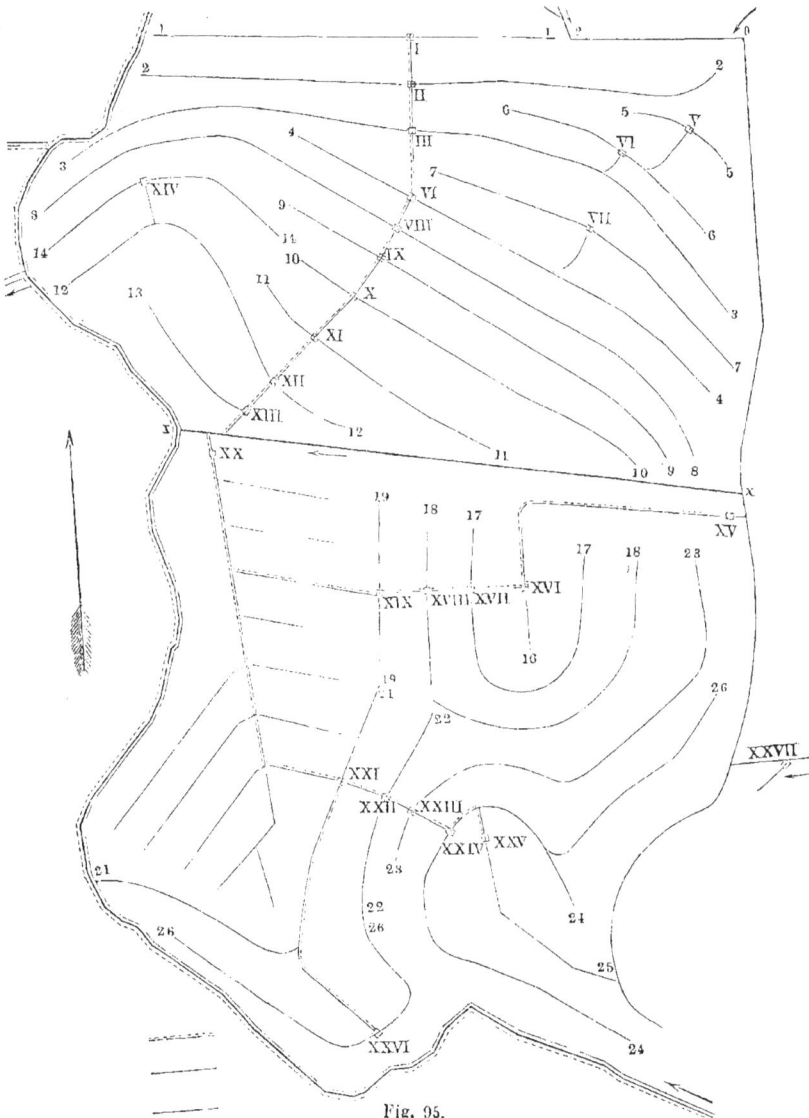

Fig. 95.

principal de I à XIII ; à quatre autres de XV à XXVI. Seulement les fermetures V, VI, VII et XIV ne sont pas alimentées par un drain principal, mais mises en communication avec des drains principaux, pour le desséchement par quelques drains secondaires.

Si l'on se représente les appareils de I à V, VI à X et XI à XIII fermés, l'eau souterraine reçue par les petits drains qui y communiquent (désignés par des chiffres arabes) s'élève avec l'eau qui vient de la surface et se déverse à droite et à gauche dans les rigoles qui y aboutissent et qui sont taillées dans le gazon ; de là elle va de rigole en rigole, de plan incliné en plan incliné, par trois irrigations successives (en deux fois cinq et une fois trois plans inclinés) dans les points les plus bas de la prairie, pour arriver dans les fossés *xx* et s'y perdre.

288. Lorsqu'une de ces trois divisions est irriguée, et que l'on veut dessécher, alors on ouvre la fermeture, et toutes les eaux souterraines et d'irrigation s'écoulent promptement et continuellement d'une division à l'autre, d'une manière beaucoup plus complète qu'on ne pourrait le faire à l'aide de tranchées ouvertes. Il serait aussi facile d'amener l'eau d'irrigation nouvelle à la partie la plus basse, et de commencer par les appareils XIII, XII, XI et XIV. Après cela, lorsque cette partie serait desséchée, on passerait de X à VI, enfin aux pentes de V à I, par conséquent dans l'ordre inverse des numéros.

En général, on est à même d'irriguer une partie quelconque de la prairie ou seulement une pente spéciale. Tandis que dans quelques pentes le gazon coupé repousse immédiatement et n'a pas besoin d'une irrigation immédiate, dans d'autres qui viennent d'être fauchées, on peut irriguer aussitôt et obtenir ainsi une exploitation complète de la prairie, qu'aucun autre système ne peut procurer.

289. L'eau des appareils XV et XXVII venant des champs situés au sud et à l'est, coule dans les prés du sud. En XVI se trouve dans le plan une élévation semblable à un ados, d'où un drain principal, avec les appareils XVII, XVIII et XIX, se dirige vers le drain principal situé dans la partie la plus basse de la prairie. Ce drain a sa fermeture en XX et reçoit l'eau venant de l'élévation en XXV, qui s'est rassemblée dans les courbes jusqu'à XXI, et qui s'est répandue sur la prairie. C'est cette partie de la prairie qui montre le mieux l'inégalité de la surface et la facilité avec laquelle on peut adapter le système de Petersen aux différentes formes de terrains, avec les petits drains et les rigoles d'irrigation, sans lui faire subir de modifications.

290. La prairie décrite ci-dessus a une contenance de 5 hectares 61 et coûte 330 francs d'établissement par hectare.

Voici le calcul des frais :

2500 tuyaux de 0ᵐ,045 à 22ᶠ,65 le 1000.........				56,60
3600 — 0 ,06 34 —				122,40
2750 — 0 ,075 51 —				140,25
2280 — 0 ,09 68 —				155,04
400 — 0 ,12 113,30 —				45,32
512 — 0 ,15 170 —				87,04
1025 — 0 ,18 226,60 —				232,27
Creusement de 3637 mètres de fossé....................				816,00
Construction de 3 petits barrages....................				11,30
27 caisses de fermeture avec ce qui s'y rapporte, à 9ᶠ,35 la pièce...				184,00
En somme.................				1850,22

Il est évident que les frais varient suivant les endroits où s'exécutent les travaux. Turretin les fixe à 112 fr. 50 par hectare pour une prairie où il a fallu faire des remblais dans la partie basse, mais sans que les frais de ce travail y soient calculés, parce qu'ils ont été remboursés par la récolte en fourrage de la première année.

D'après lui on a récolté au mois de mai 1864, sur deux prairies exactement mesurées, dont les rendements ont été pesés en vert et en sec :

Sur l'une des deux, au bout de deux ans, après la première coupe, 247 quintaux de foin par hectare ; sur la seconde, au bout de trois ans, 282 quintaux par hectare.

On voit que la différence entre la seconde et la première coupe est insignifiante.

CONCLUSIONS.

291. En comparant ces frais avec ceux des reconstructions de prairies soit naturelles, soit artificielles, nous voyons que ce système est le plus avantageux. Il est dans le même rapport au drainage ordinaire que celui-ci est aux fossés ouverts, et quant à l'irrigation, on peut le comparer à l'œuf de Christophe Colomb ; l'irrigation des prairies drainées a été simplifiée par la méthode de Petersen.

Ce n'est pas dire par là que tout individu sachant faire une tranchée puisse appliquer ce système ; son usage et son entretien exigent encore des soins assidus.

Le rendement extraordinaire en fourrage compense le capital employé.

Cette méthode ne nécessite pas une aussi grande quantité de tranchées que dans l'irrigation artificielle, ni l'emploi du volume énorme d'eau qu'il faut pour les remplir et pour irriguer; elle utilise les moindres qualités d'eau fertilisante et même l'eau souterraine, parce qu'elle ouvre le sous-sol à l'air et à la chaleur, lui enlève ses acides et l'améliore. Elle admet une culture intensive pour la couche supérieure du sol et un assolement passager et périodique des prés en même temps qu'une fumure par le fumier d'étable, la farine d'os, etc.; elle garantit l'ensemencement des graminées, parce qu'elle établit la fraîcheur du sol à volonté par les moyens les plus simples, et qu'elle met l'ingénieur à même de transformer rapidement un mauvais gazon en très-bonnes plantes.

Le travail coûteux et pénible du dégazonnage et la transformation du sol à la main sont abandonnés à la charrue et aux forces des animaux.

Les frais d'entretien des prairies artificielles sont rendus superflus par ce système; l'exécution de l'irrigation se réduit à l'ouverture et à la fermeture des appareils, et cependant un sol froid contenant des sels de fer solubles est parfaitement transformé, à l'aide de cette eau infiltrée, en une excellente prairie irriguée d'une façon certaine et continue.

Ce système permet le pâturage des prairies, ce qu'un agriculteur soigneux cherche à éviter sur les prairies irriguées par l'autre méthode.

292. Le système Petersen offre encore un avantage particulier quand on l'applique au procédé de Kennedy, dans le but d'arroser avec du purin des prés ensemencés avec du ray-grass italien ou d'autres graminées; le rendement de ces prés est augmenté au delà de toute croyance. Le procédé de Kennedy exigeait autrefois des tuyaux fermés en fonte, des pompes, des machines motrices et par conséquent un appareil très-coûteux, qui ne pouvait être couvert par l'augmentation du rendement des champs.

Le système Petersen remplit le même but lorsqu'on peut obtenir une pente suffisante pour répandre le purin à la surface, à l'aide d'un simple drainage, de quelques caisses de fermeture et de leur maniement facile; on peut donc allier le procédé de Kennedy avec tout autre drainage, lorsque les terrains se trouvent dans le voisinage de la ferme où le purin doit être préparé.

L'irrigation par le drainage ouvre donc un nouveau champ à l'ingénieur qui s'occupe d'établir pour les agriculteurs des exploitations donnant de grands bénéfices avec un petit capital.

La constitution du sol seule peut en contrarier l'établissement : un sous-sol trop perméable ne permet pas son installation. Par contre, on peut utiliser même les pentes très-faibles en rendant inutile la construction des ados.

En résumé, ce système obtiendra avec le temps, chez tous les agriculteurs sérieux, une importance qui aura été à peine soupçonnée, et il apportera l'honneur et la richesse à l'agriculture allemande qui l'a découvert.

FIN

TABLE DES MATIÈRES

PREMIÈRE PARTIE.

CULTURE DES PRÉS EN GÉNÉRAL.

DEUXIÈME PARTIE.

ÉTABLISSEMENT ET CONSTRUCTION DES PRÉS.

PRINCIPES

DE DESSÉCHEMENT ET D'IRRIGATION

PAR LE DRAINAGE.

PREMIÈRE SECTION. — *Principes généraux de desséchement des champs.*

DEUXIÈME SECTION. — *Méthode d'irrigation par le drainage*

(d'après Petersen).

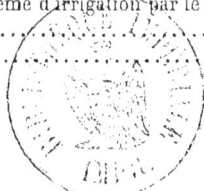

FIN DE LA TABLE DES MATIÈRES.

CORBEIL. — Typ. et stér. de CRÉTÉ.

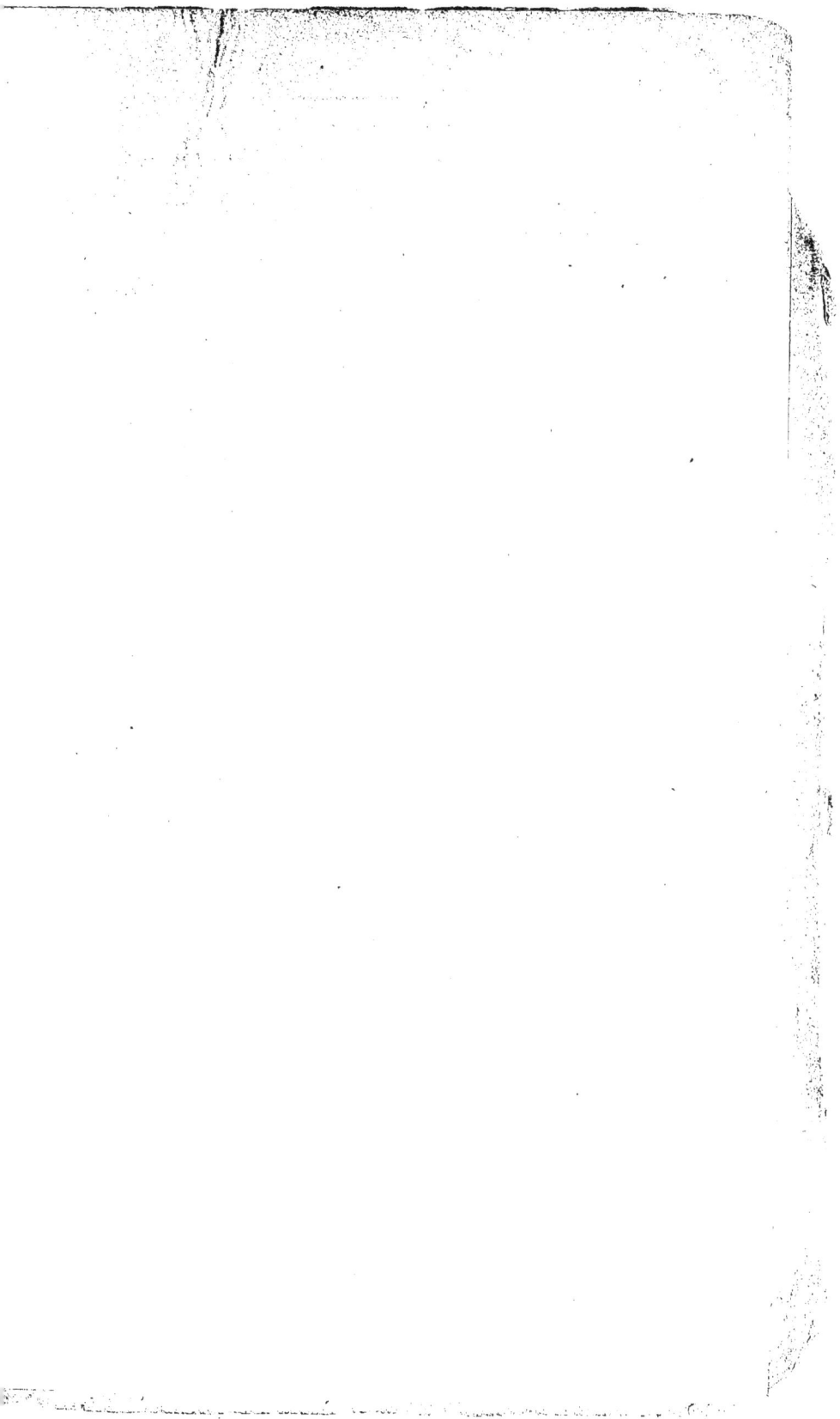

Le Livre de la Ferme ~~...~~
sous la direction de M. P. ~~...~~
des principaux agronomes. ~~...~~
jésus, de 2,160 pages, imprimés sur deux ~~...~~
1,720 figures dans le texte. Prix. . . . .

Études des vignobles de France, pour servir à l'enseignement
mutuel de la viticulture et de la vinification françaises, par le
Dr Jules Guyot. 3 vol. gr. in-8, avec environ 1,200 gravures
dans le texte. Prix. . . . . 30 fr.

Répertoire général de l'agriculture. Recueil des chiffres et
renseignements qui intéressent directement la pratique de
l'agriculture. — Fumures, — fumiers et équivalents, — composition du sol et des récoltes, — assolements, — élève du
bétail, — industries agricoles, etc., par MM. Coignet et
F. Rohart. 1 vol. in-8. Prix.

Des fumiers et autres engrais animaux, par M. le professeur Girardin. Sixième édition, revue, corrigée et augmentée.
1 vol. in-16, avec 62 figures dans le texte. Prix. 2 fr. 50

Traité élémentaire d'agriculture, par MM. les professeurs
Du Breuil et Girardin. 2e édition. 2 vol. in-18, avec
955 figures dans le texte. Prix. . . . . 16 fr.

Journal de l'agriculture, *de la ferme et des maisons de campagne, de l'horticulture, de l'économie rurale et des intérêts de
la propriété,* fondé le 20 juillet 1866, avec le concours d'agriculteurs, d'horticulteurs et d'agronomes de toutes les parties
de la France et de l'Étranger, paraissant les 5 et 20 de chaque
mois, en un cahier de 160 pages, avec des planches noires
et coloriées hors texte. Prix d'abonnement : un an, 25 fr.;
six mois, 13 fr.; trois mois, 7 fr.

Bulletin hebdomadaire de l'agriculture, paraissant tous les
samedis et contenant, outre de nombreux articles de pratique,
un bulletin des Halles de Paris, très-complet.

Prix d'abonnement : un an, 8 fr.; 6 mois, 4 fr. 50; un numéro, 20 centimes.

Avis. Ces deux Journaux pris ensemble ne coûtent que **30** fr. pour un an;
16 fr. pour 6 mois, et **8** fr. pour 3 mois. Les abonnements partent du 1er de
chaque mois.

CORBEIL. — Typ. et stér. de CRÉTÉ.

www.ingramcontent.com/pod-product-compliance
Lightning Source LLC
Chambersburg PA
CBHW070503200326
41519CB00013B/2691